京东质量团队转型实践

从测试到测试开发的蜕变

京东研发—虚拟平台 / 著

人民邮电出版社

北京

图书在版编目（CIP）数据

京东质量团队转型实践：从测试到测试开发的蜕变 /
京东研发-虚拟平台著. -- 北京：人民邮电出版社,
2018.11(2021.12重印)
ISBN 978-7-115-49694-2

Ⅰ. ①京… Ⅱ. ①京… Ⅲ. ①软件工具－测试 Ⅳ.
①TP311.56

中国版本图书馆CIP数据核字(2018)第230558号

内 容 提 要

随着互联网的高速发展，软件测试和质量保障人员面临着前所未有的挑战。本书通过总结团队和个人在实践中的成功转型经验，围绕蜕变、应用、实践、融会贯通这 4 个阶段来阐述应对挑战的方法和技术。书中讲解的案例均为团队转型和个人转型中遇到的真实案例，希望通过本书帮助读者在面对研发、测试和运维的挑战时，可以成功转型，从容应对挑战。

本书适合软件初级测试人员、软件测试工程师阅读，对从测试转型测试开发的人员也具有指导意义。本书同样适合测试经理、测试总监和测试架构师阅读，也可以作为大专院校相关专业师生的学习用书和培训学校的教材。

◆ 著　　　　京东研发—虚拟平台
　　责任编辑　张　涛
　　责任印制　焦志炜

◆ 人民邮电出版社出版发行　　北京市丰台区成寿寺路 11 号
　　邮编　100164　电子邮件　315@ptpress.com.cn
　　网址　http://www.ptpress.com.cn
　　固安县铭成印刷有限公司印刷

◆ 开本：800×1000　1/16
　　印张：18　　　　　　　　2018 年 11 月第 1 版
　　字数：282 千字　　　　　2021 年 12 月河北第 3 次印刷

定价：79.00 元
读者服务热线：(010)81055410　印装质量热线：(010)81055316
反盗版热线：(010)81055315
广告经营许可证：京东市监广登字 20170147 号

推荐序一　团队转型，势在必行

易变、无序、模糊、复杂，是当下我们所处时代的特征。在瞬息万变的时代，只有拥抱变化并且不断改变和升级自己，才能紧随时代的步伐应对各种挑战。技术和创新是京东的核心战略，未来12年京东将以技术为驱动，打造智能化商业体。技术提升对于整个京东研发团队的重要性不言而喻。京东一贯秉承的理念是为客户提供最好的用户体验和服务。京东人持之以恒的拼搏精神也一直鼓舞着我们不断地尝试与探索。

质量是企业的生命线。随着京东的高速发展，前台和中台的战略调整，组件化进程的加速等战略的下沉，系统的复杂度也越来越高，对业务迭代速度的要求也越来越高。打造高技术、高质量、高效率的团队和系统是京东人面临的最大挑战。这也对京东质量团队提出了更高的要求，团队的转型势在必行。

全书围绕质量团队转型的每个阶段展开讨论。将转型划分为：蜕变→应用→实践→融会贯通4个阶段。从蜕变之初团队转型的阵痛到融会贯通阶段的得心应手，书中详细介绍了转型中需要掌握的学习方法与必备技能。同时，在每个阶段，都会以技能树的形式阐述当前阶段的转型目标，循序渐近地带领团队成员一步一个脚印地朝着目标前进。另外，本书从预期、过程、绩效和情绪管理4个方面深入浅出地讲解了转型过程中对于团队的管理方法，确保在转型之路上稳健前进。

本书是质量团队在实践过程中不断总结和完善的成果。每一章背后都是京东质量团队无数次高质量与高效率上线所沉淀的经验，是历经千锤百炼之后所留下的精华，更是京东人智慧和汗水的结晶。期望本书能给软件质量行业内正在或者即将要开始转型的团队和个人以启迪。

马松

京东集团高级副总裁

推荐序二 高效的质量保证是提高工程生产力的源动力之一

这是一本真知灼见的经验之书。

在当今的互联网行业，高效的工程生产力已经成为每个技术团队不断追求的目标。在 DevOps 的大力推行之下，对 QE（Quality Engineer，软件测试工程师）的要求也越来越高。当前，很多团队都在寻找提高 QE 工作 ROI（Return On Investment，投资回报率）的有效方法。在这种背景之下，用技术释放人工是一条必选之路。

本书从浅到深地描述了京东质量保证团队如何从 QE 转变成 SDET（Software Development Engineer in Test，测试开发工程师）。其中包含了技术选型、测试框架二次开发、CI/CD 内部推动和大数据、机器学习等新技术在质量保证中的应用尝试。

京东商城中台研发虚拟平台的质量保障团队是京东内部质量保障团队中技术覆盖度相对较高的团队，在工程生产力提升方面的贡献也很卓越，同时也是团队技术转型的力行者。相信本书中有关技术转型的真知灼见，可以让行业内所有准备带领团队走上技术转型的领导、正迷茫在技术转型与否的徘徊者，以及迷失在技术转型过程的践行者收获满满。

在行业的推进过程中，时间会给所有有准备的团队和个人证明自己的机会，任何行业的技术演变都经历了从小作坊到大型协作团队的工作方式的转变，最后由技术改变团队，将单一的、复杂的、可循环的流程或者环节用技术替代。在技术是第一生产力的今天，团队的技术增长会带来高效的产出。下面准备好翻开这本书，一起踏上团队与个人技术的转型之路。

刘海锋

商城技术架构部负责人

推荐序三　转型之路——砥砺前行

2015 年至今，部门经历了一系列调整，组织架构的变动，业务范围的变化，新业务如雨后春笋般层出不穷，原有业务也进入高速发展的阶段，需要快速支持越来越多的业务需求。同时集团整体战略调整，不仅要保证基础组件的建设，还要兼顾系统对外赋能的能力来支持集团整体战略的落地执行。要从容应对诸般变化，创新和技术能力的提升无疑是不可或缺的，这就对部门的各个团队提出了更高的要求，同时也是一个巨大的挑战。

部门质量团队在实际工作过程中面对这些问题与挑战，通过测试工具的引入、自动化测试的介入、测试工具的开发、测试平台的搭建等手段克服了种种困难，快速地支撑了业务需求的迭代，保障了业务系统的质量，同时也很好地支持了部门战略的落地。质量团队不仅提升了测试的效率，还在实践过程中进行了积累和沉淀，全面完成了团队成员从功能测试到自动化测试的演进，摸索出一条成功的团队转型之路，在实践中取得了很好的成果。转型之后的团队整体战斗力得到了很大提升，在此对质量团队转型取得的成果表示祝贺，同时也感谢他们一如既往的付出。

本书不仅包含了质量团队转型实践中需要掌握的必备技能，同时也包含了遇到的问题及切实可行的解决办法。期望本书能为广大读者带来一些思考与帮助。

李仑

商城研发虚拟平台负责人

随着京东电商业务的快速增长，针对测试团队如何支撑电商敏捷业务的质量需求，本书提供了分层质量体系的最佳实践。从团队文化建设到技术架构，覆盖主流技术解决方案及框架设计思路，是帮助测试开发人员梳理思路的佳作。

——陈霁，霁晦科技 CEO/TestOps 推动者

在从测试到测试开发转型的过程中，无论是个人还是团队，都需要离开自己熟悉的领域，投入到全新的领域中去，这个过程必然是痛苦和迷茫的。很多时候我们多么希望在这个过程中可以有一盏明灯来指引方向。如果你和你所在的团队正在或即将经历这样的转型，那么本书将成为你的指路明灯，带领你步入"后测试时代"。全书没有空洞的理论，而是从京东团队亲历者的视角，深入讲解了转型过程中技术以及管理的最佳实践，不仅可以让转型之路不再曲折，而且可以加速转型的落地。

——茹炳晟，eBay 中国研发中心技术主管

技术变迁越来越快，测试从业者未来的发展究竟会怎样？如何实现从单纯的业务测试到测试开发，再到测试管理的转型？很多测试同行都考虑这个问题。

京东质量团队通过自己的实践，给出了一条可以参考学习的路径。本书详尽地介绍了从测试到测试开发需要掌握哪些技能，以及京东质量团队转型过程中的感受。优秀的互联网公司在一线工作中总结的这些宝贵经验，可以帮助到很多测试同行。

这不是一本面向测试初学者的书。要完成测试开发工程师的转型，首先至少要掌握两门编程语言——Python 和 Java。有了一定的编程经验后，再来读本书，将会事半功倍。强烈建议弄懂书中给出的每个代码实例，对书中提到的各种测试工具，都自己动手安装并实际运用。只有实践，才能获得真正有价值的认知。

本书中关于团队管理的内容，非常适合有志于成为优秀管理者的测试同行阅读。

管理的本质是共享目标，尊重人性，激励同伴，成就彼此。擅长技术思维的我们，往往忽视了人文方面的积累，少了对人性本身的关注和理解，所以我强烈建议大家在读完本书第 9 章后，也思考和对比一下自己所在团队是如何进行团队管理的。

很高兴能看到京东质量团队把自己在团队转型过程中第一手的实践经验，毫无保留地分享出来，也希望未来有更多测试同行能把自己优秀经验共享出来，共同学习，终身成长。

我们竭尽全力奔跑，只为跟上这个时代，与所有测试同行共勉。

——徐琨，北京云测信息技术有限公司总裁

随着中国互联网行业的高速发展，业内涌现了越来越多上亿数量级的用户访问的互联网系统，如何保证这些系统可以安全、快速、大并发地被用户使用是个极大的挑战。面临此挑战，越来越多的测试人员被时代逼着从手工测试人员转换到测试开发人员。要想顺利完成这个转变，测试人员必须要学习更多的技术和行业内的最佳实践经验。为了满足测试行业从业者的迫切转型需求，京东商城测试团队基于以往转型实践中的经验和教训，在本书中全面讲解了测试开发使用的各类工具、技术、流程、管理模式以及在转型中遇到的各类问题和解决方法。希望本书可以让更多的测试从业者站在巨人的肩膀上，百尺竿头更进一步，顺利完成从手工测试到测试开发的蜕变！

——吴晓华，光荣之路测试开发培训创始人

本书结合京东质量团队的测试实践，以第一视角剖析京东质量测试过程中出现的各种问题以及解决问题的方式。在测试实战技术分析方面，结合时下 DevOps 的新趋势和互联网企业快速迭代的需求，打磨自动化测试框架，展示了各种自动化测试的实战内容。在团队管理方面分享的内容，让读者能够真实地体会项目管理、团队激励的盲区和痛点，并给出了京东团队自有的心得体会和实际处理方式。本书理论联系实际，是一本不可多得的软件测试书籍。也期望后续京东质量团队打造更多的好书。

——周润松，中国软件评测中心副总工

前言

为什么要写本书

随着VUCA（Violatility、Uncertainty、Complexity、Ambiguity，易变性、不确定性、复杂性、模糊性）时代的到来与互联网的高速发展，质量保障人员面临着前所未有的挑战。测试岗位的职责越来越细化，测试人员的工作边界也越来越模糊，研发、测试和运维角色都在推动DevOps和TestOps的发展。在和测试同行交流的过程中，我们发现很多人非常焦虑，找不清发展的方向，尤其是工作四五年之后一直还在做系统测试的人，就更为焦虑。2017年年末，作者所在的京东质量团队在进行年终总结时欣喜地发现，自团队从测试到测试开发转型这一年来，整体测试水平得到了大幅度提升，测试人员在研发团队中的影响力也进一步扩大。从系统测试工程师逐渐转型升级为测试开发工程师，转型过程中的艰辛不言而喻，在转型中除了技能的提高之外，更多的是获得了一种自信。

本书不仅展示京东质量团队从测试到测试开发的心路历程，更是整个过程中从思想准备到实践努力再到成功推进的思考和总结。本书适合有一定工作经验的测试人员阅读，对从测试转型测试开发的人员具有指导意义。本书同样适合测试经理、测试总监和测试架构师阅读。书中的例子和故事均为团队转型中遇到的真实案例。我们历经各种辛酸才能走出一条路，希望本书能给读者一些启发和帮助。

如何阅读本书

全书从蜕变、应用、实践、融会贯通这4个阶段来讲述。第1章围绕"蜕变之路"

介绍京东质量团队所面临的挑战，明确了为什么要转型，从测试到测试开发需要掌握哪些技能，其中罗列了测试开发人员所需的技能树，同时明确团队转型的目标及进度表。第 2 章和第 3 章围绕"应用为主"，深入浅出地介绍了 UI 自动化和 API 自动化测试，同时介绍如何搭建自动化测试环境并完成自己的第一个自动化程序。第 4 章剖析了 UI 自动化测试框架。第 5 章深入介绍了接口测试框架。第 6 章系统地介绍了持续集成。第 7 章围绕"实践为王"和"融会贯通"，以实际项目为基础，重点讲述了如何利用众包模式快速完成工具的开发。第 8 章介绍了测试开发中一些常用的工具和方法。第 9 章从情绪、过程、预期、绩效 4 方面讲述在转型过程中如何进行团队管理，详细讲述了打造质量团队过程的三大提升（质量提升、效率提升和技能提升），并总结了转型过程中的经验。

作者

资源与支持

本书由异步社区出品，社区（https://www.epubit.com/）为您提供相关资源和后续服务。

配套资源

本书提供如下资源：

- 本书源代码；
- 书中彩图文件。

要获得以上配套资源，请在异步社区本书页面中单击 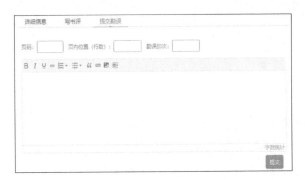 配套资源，跳转到下载界面，按提示进行操作即可。注意：为保证购书读者的权益，该操作会给出相关提示，要求输入提取码进行验证。

如果您是教师，希望获得教学配套资源，请在社区本书页面中直接联系本书的责任编辑。

提交勘误

作者和编辑尽最大努力来确保书中内容的准确性，但难免会存在疏漏。欢迎您将发现的问题反馈给我们，帮助我们提升图书的质量。

当您发现错误时，请登录异步社区，按书名搜索，进入本书页面，单击"提交勘误"，输入勘误信息，单击"提交"按钮即可。本书的作者和编辑会对您提交的勘误进行审核，确认并接受后，您将获赠异步社区的100积分。积分可用于在异步社区兑换优惠券、样书或奖品。

扫码关注本书

扫描下方二维码，您将会在异步社区微信服务号中看到本书信息及相关的服务提示。

与我们联系

我们的联系邮箱是 contact@epubit.com.cn。

如果您对本书有任何疑问或建议，请您发邮件给我们，并请在邮件标题中注明本书书名，以便我们更高效地做出反馈。

如果您有兴趣出版图书、录制教学视频，或者参与图书翻译、技术审校等工作，可以发邮件给我们；有意出版图书的作者也可以到异步社区在线提交投稿（直接访问 www.epubit.com/selfpublish/submission 即可）。

如果您是学校、培训机构或企业，想批量购买本书或异步社区出版的其他图书，也可以发邮件给我们。

如果您在网上发现有针对异步社区出品图书的各种形式的盗版行为，包括对图书全部或部分内容的非授权传播，请您将怀疑有侵权行为的链接发邮件给我们。您的这一举动是对作者权益的保护，也是我们持续为您提供有价值的内容的动力之源。

关于异步社区和异步图书

"异步社区"是人民邮电出版社旗下 IT 专业图书社区，致力于出版精品 IT 技术图书和相关学习产品，为作译者提供优质出版服务。异步社区创办于 2015 年 8 月，提供大量精品 IT 技术图书和电子书，以及高品质技术文章和视频课程。更多详情请访问异步社区官网 https://www.epubit.com。

"异步图书"是由异步社区编辑团队策划出版的精品 IT 专业图书的品牌，依托于人民邮电出版社近 30 年的计算机图书出版积累和专业编辑团队，相关图书在封面上印有异步图书的 LOGO。异步图书的出版领域包括软件开发、大数据、AI、测试、前端、网络技术等。

异步社区

微信服务号

致谢

本书得以完成，首先感谢京东商城研发虚拟平台负责人李仑，他对于质量的重视，以及在团队转型过程中给予的指导和建议是我们开始撰写本书的基础。感谢京东虚拟平台的研发架构师周宁、周光，作为团队转型的技术顾问，他们在工具开发阶段给了我们很多指导意见并提出了一些新的建议。感谢团队成员王浩参与了本书所有章节的校稿工作。最后要感谢的是京东虚拟平台所有的质量保障人员，他们自始至终参与了为期近两年的团队转型工作。由于他们在团队转型过程中的努力和尝试，整个团队的技能水平才得以真正地提升到一个新的水平。团队所有成员在转型过程中的努力和汗水使得团队真正做到了从业务测试到测试开发的转变，也呈现出了本书的精华内容。

目录

第4章 剖析经典 UI 自动化测试框架 93

京东

第 1 章

转型，你准备好了吗

1.1 软件测试

首先要明确一个概念，"质量"是整个团队的责任而不是仅仅靠团队测试人员就能够明显改善的。测试的目的是什么？测试不是要证明系统或者软件没有问题，恰恰相反，而是要证明其存在问题。通过测试可以发现缺陷，但不能保证软件或者系统的缺陷全部被找到。在有限的时间和资源条件下，想要进行完全的测试，找出软件或者系统所有的缺陷，使之达到完美，是不可能的。此外，测试也是有成本的，越到测试后期，为发现缺陷所付出的代价就会越大，因此要根据测试错误的概率及软件的可靠性要求，确定停止测试的最佳时间，不能无限地测试下去。除此之外，所有的测试都应追溯到用户需求，这是因为软件或者系统的最终目的是满足用户需求。

1.1.1 什么是软件测试

1983 年，Bill Hetzel 在《软件测试完全指南》（*Complete Guide of Software Testing*）一书中指出："测试是以评价一个程序或者系统属性为目标的任何一种活动，测试是对软件质量的度量。"Bill Hetzel 的定义至今仍被引用。1991 年，软件产品质量评价国际标准 ISO 9126 定义的"软件质量"是：软件满足规定或潜在用户需求特性的总和。1999 年，软件产品评价国际标准 ISO 14598 对"软件质量"的定义是：软件特性的总和，软件满足规定或潜在用户需求的能力。2001 年，软件产品质量国际标准 ISO 9126 定义的"软件质量"包括内部质量、外部质量和使用质量 3 个部分，也就是说，"软件满足规定或潜在用户需求的能力"要根据软件在内部、外部和使用中的表现来衡量。

《软件评测师教程》（柳纯录主编，清华大学出版社）这本软件评测师考试辅导书对软件测试和质量保证做了详细的区分和描述：测试工程师的一项重要任务是提高软件质量，但不等于说测试工程师就是软件质量保证人员，因为测试只是质量保证工作中的一个环节。测试工程师并不生产质量，质量的生产者还是开发工程师。质量保证和软件测试是软件质量工程中两个不同层面的工作。

质量保证（Quality Assurance，QA）：质量保证的主要工作是通过预防、检查与改进来保证软件质量。QA 基于"全面质量管理"和"过程改进"原理开展质量保证工作。虽然在 QA 的活动中也有一些测试活动，但其所关注的是软件质量的检查与测量。QA 的工作是对软件生命周期的管理，以及验证软件是否满足规定质量和用户需求的过程，因此主要着眼于软件开发活动中的过程、步骤和产物，而不是对软件进行剖析以找出问题或评估。

虽然测试与开发过程紧密相关，但软件测试关心的不是过程的活动，重点要对过程的产物及开发出的软件进行剖析。测试人员要"执行"软件，对过程的产物——开发文档和源代码进行走查，运行软件，以找出问题，提升质量。测试人员必须假设软件存在潜在的问题，测试中所进行的操作是为了找出更多的问题，而不仅仅是为了验证每一件事是正确的。对测试中发现的问题进行分析、追踪与回归测试也是软件测试的重要工作，因此软件测试是保证软件质量的一个重要环节。

在 20 世纪 90 年代，随着测试工具的盛行，测试工程师逐渐意识到通过强化工具来解决问题的重要性，工具思维在测试工程师的心里已经变成了思考问题的重要方式，但是这里的工具思维是指使用工具的思维，还没有出现创造工具的思维。

软件测试是一项旨在保障软件质量的服务，软件测试只能证明一个软件存在缺陷，却不能证明一个软件没有缺陷。随着生命周期成熟度的提升，以及持续集成乃至开发运维的变迁，软件测试不仅旨在保证软件的质量，保证软件质量、提高交付频率变成了相辅相成的目标。保证软件的质量是基础目的，提高交付频率是根本目的。

软件测试是为了寻找软件的缺陷和错误，提高软件的质量和交付频率，因此所有软件测试都应该可以溯源到用户需求，无论是用户明确的显性需求，还是一些系统安全、系统兼容、性能等的隐性需求。

1.1.2 业务测试

如今，人们通过网络可以方便地购买各种各样的物品，除了实物之外，还有各种虚拟物品，如飞机票、火车票和电影票等。与此同时，人们还可以很方便通过网络缴纳生活中所需要的各种费用，如手机充值，缴纳电费和水费等。

从物品的查找，到用户支付成功，最后到用户收到物品（或者充值面值的筛选，充值成功），这一系列流程都属于电子商务的一个具体业务，那么如何进行业务测试呢？笔者所在团队主要从事电商网站的虚拟业务的功能测试，下面就笔者所在团队的工作内容展开详细介绍。

业务测试的侧重点在业务流程上，在基本功能点都已合格的基础上，准备并组合多种测试数据，驱动或辅助在各种约束条件下的业务流程测试，确定最终输出的结果是否符合预期。业务测试多数要结合实际业务逻辑，黑盒、白盒、灰盒这些测试方法都可以用来辅助测试。业务测试并不能单单满足于功能实现，更要站在真实用户使用的角度提出问题、给出建议，从而优化程序。

如何开展业务测试呢？测试前置在行业内越来越多地被提及，在功能测试中，测试也应做到前置，不能等到系统全部提测了再介入测试。

1. 需求测试

越早发现缺陷，修复缺陷的成本就越低，那么缺陷最早能在什么时候被发现呢？毫无疑问，在需求最早提出的时候。当一个需求被提出时，测试人员不能认为提出的需求是完全正确、没有问题的，需要对需求设计的正确性、合理性及实施性进行测试，尽早发现需求中的问题并跟进解决。在需求阶段发现问题的修复成本很低，也是在源头保证质量的有效手段。需求测试如图 1-1 所示。

2. 设计测试

需求测试结束，问题得到解决，需求被确定下来后，就进入了设计阶段。此阶段分成两部分：一是开发人员进入设计阶段，二是测试人员进入设计阶段。开发人员的设计阶段不在此处讨论。除包含

图 1-1　需求测试

常规的测试计划、测试用例和测试准备等工作外，测试人员的设计应同时包含对系统的设计。介绍到这里，肯定有读者会有疑问：开发人员已经在进行系统设计，测试人员再进行系统设计是不是多此一举？测试人员的设计会不会得到认同？其实，测试人员的设计要求不同于开发人员的设计要求，不对具体形式做要求，此处测试人员进行系统设计的意义在于让测试人员对即将被测的系统有一个自己独立的思考过程，只有测试人员自己也对需求进行相应的独立的系统设计，才能找到开发人员设计的问题，将测试工作前置，降低缺陷修复的成本。

设计测试应注重检查系统设计的 3 个特性，如图 1-2 所示。

- 必要性：每处设计要有目的，要为满足需求而设计，不能存在无谓的设计。
- 正确性：检查每处设计是否正确、合理，是否能够实现想要实现的功能。

- 最优性：检查每处设计是否为相对简单、高效的设计。

3. 过程测试

过程测试是功能测试的重点，也是集中发现缺陷的阶段。在系统测试开始之前，测试人员需要完成测试数据的准备，以及测试计划、测试用例的设计，并经过项目组成员评审通过。评审过程有两个目的：一是弥补测试设计中遗漏的地方，二是项目组成员达成共识，认可测试设计以避免后期不必要的麻烦。

在过程测试的实施过程中，笔者所在团队采用了分层测试、外部解耦、流程仿真等手段保证系统质量，如图 1-3 所示。

图 1-2　设计测试中检查的三个特性　　图 1-3　过程测试中保证系统质量的手段

（1）分层测试

分层测试强调测试的层次感。读者可能有过这种感觉，有层次感的面包比一般的面包口感更好。笔者所在部门基于分层测试的思想将整个被测系统按照数据层、API 层、UI 层进行分割，这样做的优势是什么呢？

测试提前介入是所有项目都提倡的，目的是把问题拦截在前期，降低问题修复成本。分层测试不依赖于完整系统，可以通过直接调用底层接口进行测试，这样就不需要等到整个系统开发完成才能测试。其实，分层测试的思想和自底向上的系统开发模式是不谋而合的。分层测试同时能够体现出精准性：我们都知道，离问题产生的地方越近，就越容易触发问题。分层测试的切入点就是层与层之间的接口，从机制上更接近出问题的地方，因此更容易命中目标，也能直接或间接地降低修复成本。

图 1-4　分层测试

分层测试如图 1-4 所示。

- 数据层测试：数据层测试首先对数据库中的原始数据及聚合数据的准确性进行验证，如精度、数量、存储有无丢失等，在保证这一层质量后进入下一层测试。

- API 层测试：首先需要强调，API 层测试也是功能测试的一部分。通过接口调用验证服务器返回的数据是否准确，服务器端可能会将数据进行运算并返回。通过 API 层验证保证数据传输的准确性，保证接口层通过测试后进入下一层测试。

- UI 层测试：通过覆盖系统所有逻辑路径保证数据展示层的正确。

（2）外部解耦

外部依赖有时是阻碍测试进度的一个主要原因，但是一个系统的运行往往离不开外部系统的依赖，如网络环境、消息依赖和数据依赖等。测试过程中如何降低系统间的耦合度是高效进行测试的关键。作者所在部门通过 MQ（Message Queue，消息队列）消息自动发送组件模拟外部依赖消息，可以解决消息依赖问题，降低耦合度。该工具适用于笔者所在部门的整个业务，如利用该工具模拟机票业务出退票消息，成功摆脱消息依赖，使测试效率及准确性大大提升。

（3）流程仿真

在系统测试过程中，往往有些极端情景或流程很难模拟，或者由于测试环境、数据量不足等原因导致无法进行模拟的情况。然而，这些情景或流程有时又非常重要，这就造成测试覆盖不全的情况发生。笔者所在部门从穿线测试理论得到灵感，对流程主信息进行标记追踪，根据不同情况将流程引导至设定的极端情况中，覆盖极端情况，验证系统处理能力，很好地解决了这一难题。

4. 用户体验

在保证系统逻辑功能正确的基础上，还要对用户体验进行测试。由于电商网站的特点，用户体验非常重要，因此笔者所在公司对用户体验非常重视。好的使用体验不仅可以留住用户，而且能够提升购物转换率，为公司带来实际的效益。在实际项目中，用户体验可以从以下几方面考虑。

（1）应用性

应用性要考虑是否符合用户的实际应用场景，这就要求针对受众用户群体，考虑他们的年龄、学历、技能和职业等因素，要具备通用性。

（2）易用性

易用性要检查是否容易理解、是否容易学习、是否容易操作。例如，用词一定要简单和易理解，不能专业性太强，降低用户的理解难度；操作要简洁，不要过于烦琐，减少用户的抵触情绪，最好做到不需要用户过多思考就可以直接操作。

（3）少选择

给用户的选择要尽量少，即界面的菜单、按钮、选择项越少越好，减少用户的困惑。

除此之外，还要在流程、规范上保证系统质量。例如，测试固有流程规范保证每个环节结果真实，有据可依；异常流程紧急处理规范使工作高效进行；自动化代码编写、执行规范使代码自动化、易维护、易运行；功能测试执行规范且严格执行，做到对线上环境零影响，使项目合规率达到 100%。

5. 界面测试

界面是电商网站与用户交互最直接的层面。界面的好坏决定了用户对网站的第一印象。设计良好的界面能够引导用户自己完成相应的操作，起到向导的作用。界面如同人的面孔，具有吸引用户的直接优势。设计合理的界面能给用户带来轻松愉悦的感受和成功的感觉。相反，设计失败的界面让用户有挫败感，再实用强大的功能都可能在用户的畏惧与放弃中"付诸东流"。

既然界面的好坏如此重要，那么在测试过程中界面测试就变得不可或缺。在具体的工作中，界面测试应该关注哪些点呢？界面测试如图 1-5 所示。

（1）导航测试

导航一般位于页面顶部或侧边区域。导航的作用是链接站点内的各个页面。导航测试可以从以下 4个方面进行。

图 1-5　界面测试

① 导航是否直观？是否易于导航？

② 导航、链接、页面的结构和风格是否一致？

③ 导航文字是否用词准确？意义表达是否简单和准确？

④ 链接的页面是否准确？

（2）图片测试

图片测试包含图片、动画、边框、颜色、字体、背景和按钮等。图片的测试可以从以下 3 个方面进行。

① 需要保证图片有明确的用途，如广告宣传作用，不能存在没有意义的图片。

② 所有页面中的字体和颜色及页面的设计格式要保持一致。

③ 图片的质量与大小也是需要关注的方面。

（3）内容测试

内容测试用于检验页面信息的准确性、正确性与相关性。内容测试可以从以下两个方面进行。

① 验证传输的信息是可靠的。

② 验证传输的信息的语法和拼写是否正确。

（4）展示测试

展示测试用于检验页面展示的所有内容是否正确，大小是否合适，是否符合普适性行为习惯。展示测试可以从以下 4 个方面进行。

① 验证提示语是否合理、正确。

② 验证窗口调整大小后展示的内容是否正确。

③ 验证本地化是否正确。

④ 验证标题及检查错别字。

（5）合理性测试

合理性测试可以从以下 3 个方面进行。

① 验证页面布局是否合理。

② 验证各控件是否合理、是否可编辑。

③ 验证提示页面是否合理。

6. 浏览器兼容性测试

浏览器兼容性是衡量一个系统是否成熟稳定的重要指标。某个功能在某一浏览器上的显示和操作均正常，但是在另一个浏览器上的显示就乱糟糟的，严重的可能导致功能异常。作者所在团队的业务面向的几乎都是大众用户群体。同时，用户使用的浏览器多种多样，如果出现兼容性问题，那么用户对业务的好感度就会降低，这样会造成用户流失，进而损失公司的利益，因此，浏览器兼容性测试是需要我们加大力度关注的，那么如何才能充分测试浏览器兼容性呢？

首先，要了解什么是兼容性问题。浏览器兼容性问题又称为网页兼容性问题或网站兼容性问题，是指网页在各种浏览器上的显示效果可能不一致而产生浏览器和网页间的兼容问题。那么为什么会出现浏览器兼容性问题？因为不同浏览器使用的内核及所支持的 HTML（标准通用标记语言下的一个应用）等网页语言标准不同，并且用户客户端的环境不同（如分辨率不同），因而显示效果不理想。

其次，要了解当前哪些浏览器是主流的，要覆盖主要的浏览器内核。作者所在团队对目前主流的 14 款浏览器进行了兼容性测试，并对浏览器的不同版本进行了测试。

在测试过程中，需要对以下界面功能进行兼容性测试。

（1）业务与功能结合的异步交互。

（2）功能按钮（增加、删除、修改、查询、导入、导出、超链接和清空）等。

（3）日期和时间控件、搜索控件。

（4）有特殊功能的图标。

1.1.3　自动化测试和测试开发

随着被测系统越来越复杂，规模越来越庞大，测试的工作量也越来越大，这必然会暴露出人和测试生命周期的冲突。为了更加快速、有效、可靠地对软件进行测试，提高被测系统的质量，测试工具和工具思维就必然会被引入测试工作中，自动化测试也自然而然地被提上日程。

随着 IT 从业领域的不断深入和复杂化，职位细分也越来越复杂，一开始集开发、测试、运维、DBA 等一系列工作于一身的软件"英雄"，现在已经细分到开发工程师、测试工程师、运维工程师、测试开发工程师、开发运维工程师和测试运维工程师等职位，如图 1-6 所示。

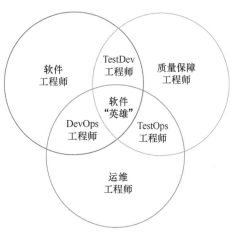

图 1-6　职位细分趋势

软件工程师的英文是 Development（Software）Engineer，是从事软件开发相关工作人员的统称。它是一个广义的概念，包括软件设计人员、软件架构人员、软件工程管理人员、程序员等一系列岗位，工作内容都与软件开发生产相关。软件工程师的技术要求是比较全面的，除了基础的编程语言（C 语言 /C++/Java 等）、数据库技术（SQL/

Oracle/DB2 等）等，还有诸如 JavaScript、AJAX、Hibernate、Spring 等前沿技术。

运维工程师负责维护并确保整个服务的高可用性，同时通过不断优化系统架构、提升部署效率、优化资源利用率、提高整体的 ROI（Return On Investment）。运维工程师面对的最大挑战之一是大规模集群的管理问题，既要管理好几十万台服务器上的服务，又要保证服务的高可用性。

质量保障（QA）工程师不仅要理解产品的功能要求，还负责对其进行测试，检查软件有没有缺陷（Bug），测试软件是否满足稳定性（Robustness，又称鲁棒性）、安全性和易操作性要求，以及写出相应的测试规范和测试用例。简而言之，质量保障工程师在一家软件企业中担当的是"质量管理"角色，他负责及时发现软件问题并及时督促更正，确保产品的正常运作。

随着细分领域的不断发展，出现了同时承担开发和测试工作的角色——测试开发工程师，同时承担开发和运维交叉工作的角色——开发运维工程师，同时承担测试和运维工作的角色——测试运维工程师。由于 3 个角色交叉的工作在现在的大型项目中不太容易出现，因此，如果有这部分工作，那么只需要一个"超人"一样的角色来完成。

分层自动化测试这个概念最近曝光度比较高。传统的自动化测试更关注产品 UI 层的自动化测试，而分层自动化测试倡导产品的不同层次（阶段）都需要自动化测试，如图 1-7 所示。

相信测试人员对图 1-7 所示的"金字塔"结构并不陌生，这也是产品开发不同层次

图 1-7 分层自动化测试

所对应的测试。我们需要规范地进行单元测试，同样需要相应的单元测试框架，如 Java 的 JUnit、TestNG，C# 的 NUnit，Python 的 unittest、pytest 等，绝大多数主流语言都有其对应的单元测试框架。

接口测试对于测试新手来说不太容易理解。单元测试关注代码的实现逻辑，如一个 if 分支或一个 for 循环的实现，而集成、接口测试关注的是一个函数、类（方法）所提供的接口是否可靠。例如，如果要定义一个 add() 函数，用于计算两个参数的和并返回结果，那么需要调用 add() 方法并传参，而后比较返回值是否为两个参数相加

之和。当然，接口测试也可以以 URL 的形式进行传递。例如，通过 get 方式向服务器发送请求，那么发送的内容作为 URL 的一部分传递到服务器端。但是，如果 Web Service 技术对外提供一个公共接口，那么需要通过 SoapUI 等工具对其进行测试。

关于 UI 层的自动化测试，有些读者可能非常熟悉，因为测试人员的大部分工作都是对 UI 层的功能进行测试。例如，如果需要不断重复对表单提交、结果查询等功能进行测试，那么可以通过相应的自动化测试工具来模拟这些操作，从而避免重复的操作。UI 层的自动化测试工具非常多，目前比较主流的是 QTP、Watir 和 Selenium 等。

为什么要设计成一个金字塔结构，而不是长方形或倒三角形结构呢？这是为了表示不同测试阶段中投入的自动化测试占全部测试的比例。如果一个产品从来没有进行单元测试与接口测试，只进行了 UI 层的自动化测试，那么这是不科学的，很难从本质上保证产品的质量。如果用户企图实现全面的 UI 层的自动化测试，那么不但浪费了大量的人力和物力，而且最终获得的收益可能会远远低于所支付的成本。因为越往上层，其维护成本越高，尤其是 UI 层的元素会时常发生改变。所以，应该把更多的自动化测试放在单元测试与接口测试阶段进行。

既然 UI 层的自动化测试这样"劳民伤财"，那么是否可以只进行单元测试与接口测试？不可以。因为无论什么样的产品，最终呈现给用户的是 UI 层，所以测试人员应该将更多的精力放在 UI 层上。也正是因为测试人员需要在 UI 层投入大量的精力，所以才有必要通过自动化的方式帮助测试人员"部分解放"重复的劳动。

在自动化测试中，测试人员最怕的是变化，因为变化的直接结果是测试用例的运行失败，这时就需要对自动化脚本进行维护。减少失败次数，以及降低维护成本，对自动化测试的成败至关重要。换个角度讲，一个永远都成功运行的自动化测试用例是没有价值的。

到了这里，读者对自动化测试应该有了一定的了解。但是，可能有些读者依然不知道如何下手和提高技术能力。因此，现在开始介绍如何提高技术能力。从软件测试入门，学习各种技术，然后晋升到一个比较好的职位，功能测试是这样一个过程，自动化测试同样也是这样的。图 1-8 给出了一个学习成长路线，也许不完全适合你，但是希望对你有所帮助。

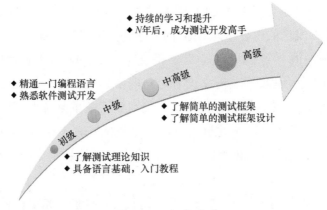

持续的学习和提升
N年后，成为测试开发高手

高级

精通一门编程语言
熟悉软件测试开发

中高级

中级

了解简单的测试框架
了解简单的测试框架设计

初级

了解测试理论知识
具备语言基础，入门教程

图1-8　成长路线

测试开发的主要工作内容是完成和维护自动化测试相关的工作。自动化测试就是通过使用或者开发测试工具、测试框架、测试系统和测试平台，按照测试工程业务测试的流程、计划及预期对被测系统进行测试的过程。自动化测试是软件测试的一个重要组成部分，自动化测试和业务测试既不能相互完全替代，也不能完全相互分离。正确、合理地利用自动化测试手段，结合业务测试流程和执行，能够提高测试效率和测试覆盖率，从而保证软件的质量，缩短开发周期，提高交付频率，节省工期和人力成本。

自动化测试涉及测试流程、测试体系、测试规范、测试方案、自动化的执行测试、自动化的测试环境治理等方面，既有技术的问题，又不仅仅有技术问题。自动化测试需要长期投入，涉及专门团队建立、维护，以及发展自动化的流程、体系等内容。自动化测试的优点如下。

（1）模拟人工测试流程，减少重复、机械的测试工作，让机器执行固有流程，提高可靠性。

（2）提高测试的精准度，提高测试执行范围，针对海量参数进行测试，机器的执行效率会更高。

（3）更好地利用测试资源，将复杂、烦琐的测试流程交由机器执行，可以让测试人员有更多的精力去关注质量保证方面的问题。

（4）具有可重复性和测试一致性。

（5）提高测试用例的复用性。

另外，自动化测试不是测试效率提升的关键，它也存在不可避免的劣势和局限性。在如下场景中自动化测试并不适用。

（1）永远不会再重复的测试流程。由于维护一套自动化测试脚本或者流程需要投入很大的精力和成本，因此仅仅测试一次永远不会再次出现的测试流程并不适合采用自动化测试。

（2）项目工期非常短的需求。由于准备一个新流程的测试脚本的时间会远远大于业务测试执行时间，因此在工期并不充分的情况下，采用业务测试手段保障测试质量更直接、更迅速。

（3）UI 的易用性等测试并不适合自动化测试，因为 UI 设计的美化、交互是否符合人的固有习惯目前是机器无法评价的，还是需要业务测试人员直接参与。

（4）实际软硬件结合场景。例如，需要无人机配送的测试，并不适合自动完成全部流程。

任何技术都有局限性，上面并没有完全覆盖自动化测试不适用的所有场景。

测试开发工程师是一个交叉工作的角色。与开发工程师相比，测试开发工程师除了要具备写代码的能力，还需要掌握操作系统、数据库、网络、软件测试等相关领域的知识。与业务测试工程师相比，测试开发工程师拥有编写测试脚本、设计测试框架、搭建测试平台、维护测试环境等技能，但是可能没有业务测试工程师那种专业的业务知识背景。测试开发工作，本质就是为了保证测试能够正确且顺利进行而做的工作。测试开发要服务于业务测试，测试开发不是脱离业务而单独存在的。在软件系统生命周期过程中，业务测试工程师和测试开发工程师是并存的，并不会彼此替代。虚拟平台质量管理组也是由于工作需要，才逐渐地走上了转型这条路。那么，你为转型做好准备了吗？

1.2 业务测试的挑战

1.2.1 测试人员的挑战及新要求

在固定时间内快速迭代，进行高并发任务测试一直都是测试人员和测试团队所面临的挑战。除此之外，他们还要应对不断变化的用户需求，同时整个行业内开发人员和测试人员人数比例不平衡，传统测试之外的任务缺乏明确的方向和职业发展路径等，这些都是测试人员面临的问题。业务的多元化，以及公司战略调整和整个行业的不断发展，要求测试人员具备越来越多的技能，其承担的责任也就越来越大。传统测试的角色已经无法满足工作的需要，同时测试人员也希望变得比以往更具技术性。如今的工作也要求测试人员具备比以往更高的执行力，能够提供快速反馈，有时不仅要是测试人员，还需要成为开发人员。

从流程上来看，测试介于产品和开发之间，需要和产品人员沟通，也需要和开发人员沟通，工作的特点也决定了测试人员要面临的挑战。现在大量的公司在招聘测试工程师时，越来越需要综合性的测试人才，要求应聘人员掌握一定的开发技能，这样其可以更好地理解系统，发现更深层次的缺陷，与开发人员的交流也会更高效，在和产品人员沟通时也能提出更有建设性的意见。将来完全不懂技术或者代码的测试人员可能会被行业淘汰。

应对挑战的唯一方法就是不断适应和进步。测试人员必须了解他们的角色在如何变化，以及如何在不同的环境中为利益相关者提供最好的服务。测试人员需要具备很高的灵活性和适应性，不断学习新的技能和方法，并愿意承担新的角色和活动，这才是测试人员自身必须掌握的核心技能。

结合作者所在团队的实际情况，团队的目标是能够快速反应，支持业务快速迭代，同时要把测试人员从繁重的重复工作中解放出来，为内外"赋能"，提供好的测试平台、好用的测试工具和高效的测试方法等。这就对测试人员提出了一些新的要求。

1. 编写代码的能力

具备编写代码的能力能够提高测试效率，独立或者辅助开发人员定位问题，而不是只报告问题。这也有助于测试人员了解编程过程，完善思维方式，提升测试形象。

2. 工具思维与工具开发能力

工具思维有助于测试人员敏锐地发现可以节省人力的工作点。具备工具开发能力可以真正从繁重的重复工作中解放自己。

3. 持续学习的能力，学会思考

持续学习不仅是一种态度，更是一种能力。持续学习新的技术和新的思想，了解新的动态趋势等，能够帮助测试人员更好地适应变化，在变化中进步。学会思考这个话题很宽泛，包括规避风险、项目推进、问题解决等测试人员需要的很多其他的认知过程。但是，如果测试人员不能持续学习，那么他的思考也会被限制。只有持续学习，不断思考，才能知道在不可知的未来我们能够提供什么，价值该如何体现。

4．强大的内心

测试工作是一个不断质疑与被质疑的过程。测试人员每天会面对很多繁重的工作，随时随地都可能被别人挑战，还有可能在工作中遭遇质疑及误解。想要将工作进行下去，强大的内心对于测试人员来说极其重要。

5．测试思维

测试思维决定了测试人员能在测试这条路上走多远。测试的核心技能不是测试理论，也不是测试工具，而是测试分析、测试设计、测试架构和测试规划等。"思维主导、技术辅助"一直是作者所在团队提倡的。学会分析任务，分清优先级，具备统一规划能力，能够使工作达到事半功倍的效果。

1.2.2　转型的基础及必要性

转型是为了更好地满足业务需求，更好地保证系统质量，也是为了能够更好地配合公司的战略。每个团队是否转型，以及转型的动机及基础，根据具体情况而不尽相同。作者所在团队主要负责业务的测试，同时存在测试开发的岗位，这也是团队转型的一个优势。

相信和作者情况相同的团队数量不少，那么这样的团队想要快速转型需要先搞清楚哪些问题呢？

1．转型的目的

更好地满足业务需求以配合公司的战略，同时考虑到行业的发展趋势，提升团队整体的技术水平，实现团队与个人的共同成长，实现良性循环。

2．转型的方向

单元测试是非常重要而且非常有必要实施的。在敏捷开发模型的工作实践中，开发人员承担了单元测试的工作。由于公司战略的调整，UI层的自动化测试不再是团队的重点，因此自动化接口测试配合测试工具开发，是作者所在团队转型的首选方向。完善的接口测试体系能够在很大程度上保证产品的质量，而这部分的投入也将快速收到成效，而且测试工具的开发能够将测试人员从大量的手工重复性工作中解放出来，提高效率。

3. 转型的基础

团队转型要根据转型的目的以及需要解决的问题，选择转型的方案。大体上可以从转型意愿、转型所需时间、转型规划、转型前后技能、应用等方面进行准备。

（1）转型意愿

团队想要转型成功，除了需要考虑业务需求、行业趋势等外部环境因素外，还要考虑团队成员的转型意愿。团队成员主动转型的意愿是转型成功的关键因素。被迫转型与主动转型的差别在这里就不需要讨论了，取得的转型效果也是不同的。充分发挥团队成员的主观能动性能够让转型快速完成并取得令人惊喜的效果。

（2）转型所需时间

团队转型必须经历一个学习和练习的过程，这个过程需要时间。然而，测试工作的性质决定了其最缺少的恰恰又是时间。那么这部分时间从哪里来？需要团队成员达成共识，避免占用成员的业余时间而使他们产生抵触情绪。

（3）转型规划

团队想要转型成功，在转型开始之前，要做好整个转型期间的规划，包括需要学习的技能、学习的进度、练习的时间、掌握程度的考核、备份学习材料和备用方案等。转型期间要严格按照规划进行，确保转型有条不紊地进行。

（4）转型前后技能

根据团队转型的目的，要求团队掌握的技能也不尽相同，想要达到的效果也不同。团队应根据业务的特点及面临问题的紧迫性来决定需要掌握的技能。转型前需要具备的技能基本大同小异，包括测试的基本知识、业务背景知识、数据库相关操作能力、主流编程语言开发能力（最好与公司开发语言一致）等。

（5）应用

团队转型想要取得好的成效，实战是不得不考虑的问题。如果没有实战应用，那么再多的理论支持也只能是纸上谈兵。在转型过程中，可以尝试将培训的技能应用到实际项目中。如果没有项目，也可人为地创造针对性的实战。只有通过实际应用，才能发现问题和解决问题，让转型真正发挥作用，取得好的效果。

1.3 团队转型的目标及计划

1.3.1 转型路上的迷茫

自动化测试是软件测试发展的一个必然结果。随着软件技术的不断发展，测试工具也得到了长足的发展，人们开始利用测试工具来帮助自己做一些重复性工作。软件测试的一个显著特点是重复性。重复会让人产生厌倦的心理，重复也使工作量倍增，因此人们想利用工具来解决重复的问题。

目前，自动化测试在行业中处于被热捧的时期。一方面，很多专业人士对自动化测试大加赞赏；另一方面，在移动互联时代，企业的生存环境发生着深刻的变化，各大互联网公司都在寻求自身发展的道路，公司的转型成了必然趋势。公司要转型，员工势必也要跟随发生变化。至今，作者都不能忘记团队成员第一次听说组件化测试时满脸的新奇。随着一轮又一轮地探讨如何做、怎么做，团队成员才慢慢意识到这将会是一条漫长的路，期间肯定有迷茫和痛苦。然而，更痛苦和严峻的挑战是团队的转型。转型是否可以达到应有的预期呢？

我们的团队曾经面临以下两大问题。

（1）人员水平参差不齐

团队转型不是一个人的转型，通常涉及十几人、二十几人的同步转型。其中每个人的水平参差不齐，学习能力也不尽相同。例如，之前大多数人从事的工作是功能测试，没有开发过自动化工具或者框架，用的自动化工具不多，也没有做过开发。那么，这就要求我们必须双管齐下，线上学习和线下培训同步进行。

（2）做什么及从何处做起

Microsoft 公司最初也设有只进行手工测试而不编写代码的职位，称为 STE（Software Testing Engineer）。而现在所有测试工程师的职位都称为 SDET（Software Development Engineer in Test）。从名字可以看出来，后者是需要掌握编程能力的，而掌握编程能力是为了更好地测试。

从 STE 转到 SDET 的充分条件是测试人员对软件及需求具有较强的理解能力，

同时擅于站在用户的角度去理解需求，以及重视质量使得程序的返工率大大降低。而必要条件是达到开发人员所具备的设计能力和编码能力。认清自己的不足，在以下方面不断提高自己的能力。

（1）对程序架构思想的理解：通过参加需求评审、设计评审、代码评审，学习设计方面的知识。

（2）编码能力：通过单元测试、自动化测试、测试工具和测试框架的开发等环节提高自己在编码方面的能力。

走出迷茫，有了奋斗的目标，只要拼命追逐、坚持不懈，终会看到成功的方向。

1.3.2　树立目标

我们做任何事情都应该有一个目的。有了目的，就会产生一个对应的目标。然后基于这个目标，进行相关活动的实施，以此来达到目的。类似地，我们在进行自动化实施的时候，首先要明确自动化测试的目标，即实现了自动化测试到底能为我们带来什么好处，以及可以解决什么问题。我们不能为了自动化而自动化，必须在实施自动化测试之前明确自动化测试的目标。

1. 提高测试人员的工作成就感和幸福感，减少手工测试中重复性的工作

目前，在大部分中小企业中，手工测试在日常测试工作占据的比例很大。测试人员必须跟随开发团队不断地进行迭代式开发和测试。一个功能模块可能在整个测试周期中重复测试超过 10 次。

如何改变这个现状呢？进行自动化测试肯定是一个很好的选择。相应脚本写好以后，可以不断地重复运行。测试人员只需要单击某个按钮就可以开始测试工作了，然后看一下测试结果，就完成了以往手工测试需要花费很长时间才能完成的工作。此时，测试工作的成就感和幸福感油然而生，测试人员也会有意愿去主动地推进自动化测试在不同项目中的深入实施。

2. 提高测试用例的执行效率，实现快速的自动化回归测试，快速地给予开发团队质量反馈

使用手工方式来执行测试用例，执行速度必然是很慢的。人是一种生物，而不是机器，工作时间长了必然会觉得劳累，测试执行的速度自然就慢了下来。在测试用例非常多的情况下，测试一遍所有测试用例的时间成本就会相当高。

如果使用自动化测试取代手工测试，那么测试用例的执行者就变成了机器。机器可以全天候不停地执行，可以不知疲倦、快速地完成测试脚本指派给它的测试任务。此种方式势必可以大大提高测试执行的效率，缩短测试用例的执行时间，提高测试执行的准确性。

目前，敏捷开发模式在各类软件企业中开始普及和应用。敏捷开发对被开发产品的质量反馈有着很高的要求，需要每周甚至每天开发出一个 Build 版本，并且部署在测试环境上，同时希望测试人员能够给予快速的质量反馈。目前，只有通过自动化测试的方式，才能真正实现对于大型敏捷开发项目的质量反馈需求。缺少自动化测试的敏捷开发项目会大大增加项目失败的风险。

为了验证是否达到了此目的，可以和以前手工测试的执行时间进行对比，看看是否明显缩短了测试用例的执行时间，询问开发人员项目的质量反馈速度能否为快速发布产品带来很大帮助。

3. 减少测试人员的数量，提高开发和测试的比例，节省企业的人力成本

在大部分 IT 企业的运营成本中，50% ～ 70% 的成本是人工成本，如何更好地控制人工成本，对企业的发展有着重要意义。使用自动化测试方式，势必会减少手工测试的工作量，从而达到减少测试人员的目的，进而降低企业的人工成本，提高企业的盈利能力。

4. 在线产品的运行状态监控

在完成产品开发和测试工作后，产品会发布到生产环境中，正式为用户提供服务。但是，在生产环境的运营过程中，产品总是会由于各类原因产生这样或者那样的问题或故障。如何快速发现这样的问题呢？有人说："出了问题一定会有用户给客服打电话，这样我们就可以发现生产环境中的问题了。"采用这样的处理方式，势必会降低用户对产品的满意度。另外，如果没有热心的用户进行反馈，那么生产环境中的问题被发现的时间会大大推迟。因此，仅仅依靠客户反馈的方式是不可取的。

为了保证快速、及时地发现生产环境中的问题，可以编写自动化测试脚本，以测试产品的主要功能逻辑。定时运行测试脚本，以检查产品系统是否依旧可以正常工作。如果运行测试脚本后没有发现任何问题，则休眠等待一段时间后再运行测试脚本，以检测产品系统的运行状态。如果测试脚本发现了产品系统的运行问题，在重试几次之后确认产品系统的问题依旧存在，则测试脚本会自动给系统运维的值班人员发出报警邮件和短信。相关人员收到报警信息后可以人工处理系统出现

的运行故障，这样就达到了实时监控产品系统的目的，以便在第一时间发现和处理系统的故障。

5. 插入大量测试数据

在系统级别的测试过程中，经常要插入大量的测试数据来验证系统的处理能力。例如，测试人员想要插入 100 个订单，并且每个订单都要有业务要求，使用手工的方式来插入这些数据势必会花费很长的时间和很多的精力。然而，如果我们有"一键下单"这个自动化的工具，则在很短的时间就可以达到目的。

6. 常见的错误目标：使用自动化测试完全替代手工测试

有人认为，转型后就是自动化测试了，不用手工测试了。对于任何项目，首选自动化测试，这是不可取的。在做出如何对待自动化测试的决定之前，首先要对自动化测试有一个清晰的认识。自动化测试是对手工测试的一种补充。很多数据的正确性、界面美观程度和业务逻辑的满足程度等都离不开测试人员的人工判断。而仅仅依赖手工测试会让测试过于低效，尤其是回归测试的重复工作量会对测试人员造成巨大的压力。因此，人工测试与自动化测试都不可或缺，关键是在合适的地方使用合适的测试手段。

1.3.3　转型过程中你需要种下一棵"技能树"

业务测试过程是业务测试工程师设计测试用例，然后将测试执行过程和预期结果进行对比，并记录详细的测试结果。自动化测试同样模拟了上述的工作过程，为了确保应用能够按照预期设计执行，而将业务处理过程开发成测试脚本。当应用开发完成或应用升级时，测试框架支持测试脚本的编辑、扩展、执行和报告测试结果，并且保证测试脚本的可复用性贯穿于应用的整个生命周期。

那么如何为转变成一个测试开发工程师做好准备呢？首先，测试开发工作是介于测试和开发之间的一个交叉角色，却又不是两者简单的并集。由于具有开发的特点，因此测试开发工程师必须要掌握一门不要太小众化的开发语言，最好与公司的开发语言一致，建议和开发工程师在一条技术线里面。这样无论是浅显问题，还是高深的框架底层问题，都有身边的人帮你解答。

其次，要有业务测试背景。测试开发工程师并不一定需要有专家级别的业务背景，但是一定要掌握一些测试用例设计方法、兼容性覆盖范围等方面的知识，测试方面的基本技能还是要具备的。

　　拥有上述两部分的基础，而且又有转型的决心和信念，就可以开始走入测试开发的"大门"了。上面提到拥有上述两部分基础才能开始转型，但是成为一个出色的测试开发工程师，还需要具备什么样的技能呢？

　　上文提到过，测试开发工程师在 Microsoft 公司的职位列表中称为 SDET。从这个角度可以更好地理解，测试开发工程师是测试中的软件开发工程师。测试开发工程师既承担了自动化测试相关开发、维护工作，又是目前比较流行的开发运维模式下 DevOps 工具链的主要贡献者。这些就决定了测试开发工程师的主要工作职责。

　　（1）开发、部署、维护与自动化测试、测试环境治理相关的工作。

　　（2）为业务测试工程师、开发工程师、运维工程师等团队角色提供易用的工具、平台、系统等。

　　要成为一个优秀的软件测试工程师，需要拥有如下方面的技能。注意，这里的介绍并无进一步的职位细分。在转型过程中，读者可以根据自己的兴趣和喜好有所偏重。

　　（1）在测试理论方面，需要了解自动化测试的原理、实现方式及基本理论；掌握和拥有软件测试用例设计的基本理论和实际设计能力，并能够独立完成简单业务测试；能够熟练使用主流的测试工具；熟悉自动化测试流程和业务测试的管理流程，能够撰写和分析测试报告；在接口测试、UI 自动化测试或者单元测试脚本编写方面，至少掌握一种框架的使用；理解黑盒测试、白盒测试的区别和联系；如果涉及移动端，就要掌握业务测试的技能，如兼容性、界面测试、安装测试等；在进阶知识方面，最好拥有性能、安全等特性的测试理论和方法的储备。

　　（2）在测试框架方面，至少要掌握一种对应测试类型的测试框架，如 Web 的 UI 自动化框架 WebDriver，移动端的 UI 测试框架 Appium，单元测试框架 JUnit，性能测试工具 LoadRunner、JMeter 等；熟悉测试管理工具的部署、应用和维护，如禅道项目管理软件等；熟悉持续集成、持续交付和持续部署的关系，以及各个环节对应的开源工具。

　　（3）至少部署并使用过一种流程管理和代码管理系统，如用于代码管理的 Git、SVN 等，以及用于测试生命周期管理的禅道项目管理软件、Bugzilla、Jira 等。

　　（4）在代码技能方面，最好掌握一到两种代码的编写和使用方法，最好紧跟所在团队的技术栈，同时掌握一些 Shell 的编写技能，并具备 SQL 的编写能力。

　　（5）在服务器端技术方面，需要对现在应用比较广泛的容器化方案有所了解，熟练使用 Docker，可以进行 Linux 系统的简单维护，可以进行 Tomcat、MySQL 等主流基础服务的安装、配置、使用和查错。另外，需要了解一些比较通用的基础服务的查询方式，如 Redis、Memcached、MQ 和 MongoDB 等。

基于上述的延伸还有很多，如移动端测试、Android 操作系统的一些简单命令、iOS 的一些简单命令，以及被测应用的实现原理和启动过程，这些也是需要掌握的。

图 1-9 所示的技能树描述了测试开发需要的技能。具体需要掌握的技能和技术还会根据具体的测试开发工作内容及团队的技术栈而有所不同。

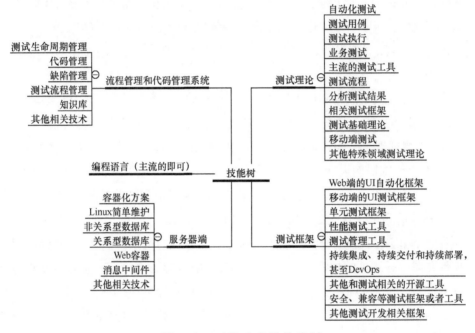

图 1-9　测试开发的技能树

1.4　小结

本章主要介绍了软件测试的定义，以及什么是业务测试和自动化测试，阐述了测试开发人员的定位、测试开发的职责是什么，以及现在业务测试人员面对的环境及挑战。同时，介绍了团队转型的必要性及需要具备什么样的转型基础，制订了转型的目标及计划表，并列出了转型后需要具备的技能树。

京东

第 2 章

从 UI 开始初识自动化

Selenium WebDriver 是一种基于 Web 应用程序的非常灵活的自动化测试工具。它可以通过多种方式来定位 UI 元素，并将预期的测试结果与实际的应用程序行为进行比较。

Selenium 的关键特性之一是支持多种浏览器在多平台上执行测试，就像真正的用户在操作浏览器一样。其支持的浏览器包括 Internet Explorer（IE）、Mozilla 火狐、谷歌 Chrome 等，同时支持无头浏览器（Headless Browser，一种具有浏览器功能但没有界面的浏览器），如 PhantomJS、HtmlUnit 等。

Selenium 的主要功能包括：测试与浏览器的兼容性，测试应用程序是否能够很好地工作在不同浏览器和操作系统之上；测试系统功能，创建回归测试检验软件功能和分析用户需求；支持自动录制动作和自动生成 .NET、Java、Perl 等语言的测试脚本。

2.1 Selenium

Selenium 诞生于 2004 年，很多 IT 行业的公司都在大规模地使用该工具，尤其是在页面的测试方面。本章将会介绍 Selenium 的发展历史和 WebDriver 的原理。

2.1.1 Selenium 的发展历史

本节将会详细介绍 Selenium 1.0、Selenium 2.0 和 Selenium 3.0 的发展历史。通过本节，读者可以更好地了解 Selenium 诞生的原因和背景。

1. Selenium 1.0

2004 年，Jason Huggins 在 ThoughtWorks 工作，为了让测试人员能从枯燥无聊的重复性工作中解放出来，他发起了 Selenium 项目。很幸运，当时所有被测试地浏览器都支持 JavaScript。基于这一特性，Jason Huggins 的团队开发了 JavaScript 库，以驱动程序与浏览器进行交互，允许它在多个浏览器中重复运行。经过不断地改进和优化，JavaScript 库逐步成为现在的 Selenium core，同时也是 Selenium RC、Selenium IDE 的核心组件，Selenium 由此诞生。

如图 2-1 所示，Selenium 1.0 包括 Selenium IDE、Selenium Grid 和 Selenium RC。下面分别介绍这几部分。

Selenium IDE（集成开发环境）是用来开发 Selenium 测试用例的工具。它是嵌入到火狐浏览器中的一个插件，主要功能是录制与回放浏览器操作。Selenium Grid 是一种自动化的测试辅助工具，通过利用现有的计算机基础设施，能加快 Web-App 的功能测试。利用 Selenium Grid 可以很方便地在多台机器上运行测试用例。Selenium RC（Remote Control）

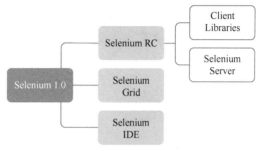

图 2-1　Selenium 1.0

是 Selenium 家族的核心部分。Selenium RC 是一种测试工具，实现了通过多种不同语言来编写自动化测试脚本。Selenium RC 分为 Client Libraries 和 Selenium Server。Selenium Server 负责控制浏览器行为，可以使浏览器自动启动或者关闭。Client Libraries 主要用于编写测试脚本，用来控制 Selenium Server 库。因此，对于 Selenium 1.0 来说，Selenium RC 是学习的核心。

2. Selenium 2.0

2006 年，谷歌公司的工程师 Simon Stewart 发起了 WebDriver 项目。Selenium 的重要用户谷歌一直被限制在有限的操作范围内。于是 Simon Stewart 想开发一款工具，可以通过原生浏览器支持或者浏览器扩展来直接控制，这样就可以避免 JavaScript 安全模型导致的限制。这就是发起 WebDriver 项目的初始目标。

2008 年，Selenium 与 WebDriver 项目进行了合并。WebDriver 的创建者 Simon Stewart 早在 2009 年 8 月的一份电子邮件中解释了项目合并的原因：原因一是 WebDriver 解决了 Selenium 存在的缺点；原因二是 Selenium 解决了 WebDriver 存在的问题（如解决了支持多种浏览器的问题）；原因三是为用户提供最优秀框架的最佳途径。

需要注意的是，Selenium 2.0 主要推出的是 WebDriver，也可以将其看作 Selenium RC 的替代品。为了保持 Selenium 向下的兼容性，Selenium 2.0 并没有彻底地放弃 Selenium RC。因此，我们在学习 Selenium 2.0（如图 2-2 所示）的时候，核心是学习 WebDriver。

3. Selenium 3.0

2013 年上半年，Selenium 团队发布消息称将会在圣诞节发布 Selenium 3.0，但之后迟迟没有消息。直到 2016 年 7 月，Selenium 3.0 悄悄发布了第一个 beta 版本。

他们解释道："在 2013 年，我们宣布 Selenium 的一个新版本将在'圣诞节'发布。幸运的是，我们从来没有说过哪个圣诞节，因为我们已经花了一段时间来做我们想做的所有改变！我们很兴奋地宣布第一个 beta 版本——Selenium 3.0-beta1 的发布。"

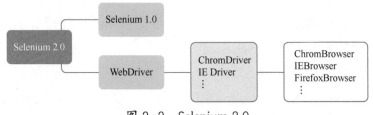

图 2-2　Selenium 2.0

相比之前的版本，Selenium 3.0 做了一些更新，Selenium 3.0 让 Web 自动化测试运行更稳定，性能更高，支持的浏览器更多。Selenium 3.0 更新内容如下。

（1）Selenium 3.0 去掉了 Selenium RC，这是 Selenium 3.0 最大的变化。

（2）Selenium 3.0 只支持 Java 8 及以上版本。

（3）Selenium 3.0 不再提供默认浏览器支持，所有支持的浏览器均由浏览器官方提供支持，由此提高了自动化测试的稳定性。Selenium 以前版本能直接启动火狐浏览器，而从 Selenium 3.0 版本开始，需要下载 Firefox 官方提供的 GeckoDriver 驱动才能启动火狐浏览器，并且火狐浏览器必须是 48 以上的版本。

（4）Selenium 3.0 通过 Apple 自己的 SafariDriver 支持 Mac OS 上的 Safari 浏览器。Safari 浏览器的驱动直接被集成到 Selenium Server 上。也就是说，在 Safari 浏览器上执行自动化测试脚本，必须使用 Selenium Server。

（5）Selenium 3.0 通过 Microsoft 官方提供的 Microsoft WebDriver 支持 Edge 浏览器。

（6）Selenium 3.0 只支持 IE 9.0 及以上版本，对早期版本不再提供支持。

2.1.2　Selenium WebDriver 的原理

WebDriver Wire 协议是通用的。也就是说，不管是 FirefoxDriver 还是 ChromeDriver，启动之后都会在某一个端口启动基于这套协议的 Web Service。接下来，为了调用 WebDriver 的任何 API，都需要借助一个 ComandExecutor 方法（Selenium 源码中的一个方法）发送一个命令（实际上是一个 HTTP 请求）给监听端口的 Web

Service。在 HTTP 请求的正文中，会以 WebDriver Wire 协议规定的 JSON 格式的字符串告诉 Selenium——我们希望浏览器接下来做什么事情。这套 Web Service 使用 Selenium 自己设计定义的协议，即 WebDriver Wire Protocol。这套协议非常强大，几乎可以使浏览器做任何事情，包括打开、关闭、最大化、最小化、元素定位、元素单击、上传文件等。下面介绍 WebDriver 类继承和代码分析。

1. 类继承说明

不同浏览器的驱动类都是 RemoteWebDriver 的子类，通过调用驱动来接收 command 命令。例如，Firefox 需要一个名为 geckodriver.exe 的驱动，而 Chrome 就需要用一个 chromedriver.exe 文件来转化 Web Service 的命令为浏览器本地的调用。另外，图 2-3 中还标明了 WebDriver Wire 协议是一套基于 RESTful 的 Web Service。如果想了解 WebDriver Wire 协议的细节，可以阅读 Selenium 官方的协议文档。

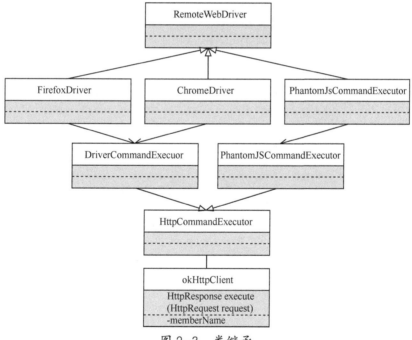

图 2-3　类继承

在 Selenium 源码中，AbstractHttpCommandCodec 这个类定义了一个状态对应一个 URL。它负责将一个个代表命令的简单字符串 key 转化为相应的 URL，因为 REST 的理念是将所有的操作视作状态，每一个状态对应一个 URL。因此，当我们以特定的 URL 发送 HTTP 请求给这个 RESTful Web Service 之后，它就能解析出需要执行的操作，如代码清单 2-1 所示。

代码清单 2-1　命令代码片段

```
1  this.defineCommand("status", get("/status"));
2  this.defineCommand("getAllSessions", get("/sessions"));
3  this.defineCommand("newSession", post("/session"));
4  this.defineCommand("getCapabilities", get("/session/:sessionId"));
5  this.defineCommand("quit", delete("/session/:sessionId"));
6  this.defineCommand("getSessionLogs", post("/logs"));
7  this.defineCommand("getLog", post("/session/:sessionId/log"));
8  this.defineCommand("getAvailableLogTypes", get("/session/:sessionId/log/types"));
9  this.defineCommand("switchToFrame", post("/session/:sessionId/frame"));
10 this.defineCommand("switchToParentFrame", post("/session/:sessionId/frame/parent"));
11 this.defineCommand("close", delete("/session/:sessionId/window"));
12 this.defineCommand("switchToWindow", post("/session/:sessionId/window"));
13 this.defineCommand("fullscreenCurrentWindow", post("/session/:sessionId/
   window/fullscreen"));
14 this.defineCommand("getCurrentUrl", get("/session/:sessionId/url"));
15 this.defineCommand("get", post("/session/:sessionId/url"));
16 this.defineCommand("goBack", post("/session/:sessionId/back"));
17 this.defineCommand("goForward", post("/session/:sessionId/forward"));
18 this.defineCommand("refresh", post("/session/:sessionId/refresh"));
19 this.defineCommand("setAlertCredentials", post("/session/:sessionId/
   alert/credentials"));
20 this.defineCommand("uploadFile", post("/session/:sessionId/file"));
21 this.defineCommand("screenshot", get("/session/:sessionId/screenshot"));
22 this.defineCommand("elementScreenshot", get("/session/:sessionId/
   element/:id/screenshot"));
23 this.defineCommand("getTitle", get("/session/:sessionId/title"));
24 this.defineCommand("findElement", post("/session/:sessionId/element"));
25 this.defineCommand("findElements", post("/session/:sessionId/elements"));
26 this.defineCommand("getElementProperty", get("/session/:sessionId/
   element/:id/property/:name"));
27 this.defineCommand("clickElement", post("/session/:sessionId/
   element/:id/click"));
28 this.defineCommand("clearElement", post("/session/:sessionId/
   element/:id/clear"));
29 this.defineCommand("getElementValueOfCssProperty", get("/session/:sessionId/
   element/:id/css/:propertyName"));
30 this.defineCommand("findChildElement", post("/session/:sessionId/
   element/:id/element"));
```

```
31 this.defineCommand("findChildElements", post("/session/:sessionId/
   element/:id/elements"));
32 this.defineCommand("isElementEnabled", get("/session/:sessionId/
   element/:id/enabled"));
33 this.defineCommand("elementEquals", get("/session/:sessionId/
   element/:id/equals/:other"));
34 this.defineCommand("getElementRect", get("/session/:sessionId/
   element/:id/rect"));
35 this.defineCommand("getElementLocation", get("/session/:sessionId/
   element/:id/location"));
36 this.defineCommand("getElementTagName", get("/session/:sessionId/
   element/:id/name"));
37 this.defineCommand("isElementSelected", get("/session/:sessionId/
   element/:id/selected"));
38 this.defineCommand("getElementSize", get("/session/:sessionId/
   element/:id/size"));
39 this.defineCommand("getElementText", get("/session/:sessionId/
   element/:id/text"));
40 this.defineCommand("sendKeysToElement", post("/session/:sessionId/
   element/:id/value"));
41 this.defineCommand("getCookies", get("/session/:sessionId/cookie"));
42 this.defineCommand("getCookie", get("/session/:sessionId/cookie/:name"));
43 this.defineCommand("addCookie", post("/session/:sessionId/cookie"));
44 this.defineCommand("deleteAllCookies", delete("/session/:sessionId/cookie"));
45 this.defineCommand("deleteCookie", delete("/session/:sessionId/cookie/:name"));
46 this.defineCommand("setTimeout", post("/session/:sessionId/timeouts"));
47 this.defineCommand("setScriptTimeout", post("/session/:sessionId/
   timeouts/async_script"));
48 this.defineCommand("implicitlyWait", post("/session/:sessionId/
   timeouts/implicit_wait"));
49 this.defineCommand("getStatus", get("/session/:sessionId/application_cache/status"));
50 this.defineCommand("isBrowserOnline", get("/session/:sessionId/browser_
   connection"));
51 this.defineCommand("setBrowserOnline", post("/session/:sessionId/browser_
   connection"));
52 this.defineCommand("getLocation", get("/session/:sessionId/location"));
53 this.defineCommand("setLocation", post("/session/:sessionId/location"));
54 this.defineCommand("getScreenOrientation", get("/session/:sessionId/orientation"));
55 this.defineCommand("setScreenOrientation", post("/session/:sessionId/orientation"));
56 this.defineCommand("getScreenRotation", get("/session/:sessionId/rotation"));
57 this.defineCommand("setScreenRotation", post("/session/:sessionId/rotation"));
```

```
58  this.defineCommand("imeGetAvailableEngines", get("/session/:sessionId/
    ime/available_engines"));
59  this.defineCommand("imeGetActiveEngine", get("/session/:sessionId/
    ime/active_engine"));
60  this.defineCommand("imeIsActivated", get("/session/:sessionId/ime/
    activated"));
61  this.defineCommand("imeDeactivate", post("/session/:sessionId/ime/
    deactivate"));
62  this.defineCommand("imeActivateEngine", post("/session/:sessionId/
    ime/activate"));
63  this.defineCommand("getNetworkConnection", get("/session/:sessionId/
    network_connection"));
64  this.defineCommand("setNetworkConnection", post("/session/:sessionId/
    network_connection"));
65  this.defineCommand("switchToContext", post("/session/:sessionId/context"));
66  this.defineCommand("getCurrentContextHandle", get("/session/:sessionId/
    context"));
67  this.defineCommand("getContextHandles", get("/session/:sessionId/contexts"));
```

从上面的源码可以看到，实际发送的 URL 都是相对路径，后缀多以 /session/:sessionId 开头。这也意味着 WebDriver 每次启动浏览器都会分配一个独立的 sessionId，多线程并行时彼此之间不会有冲突和干扰。例如，对于我们最常用的一个 WebDriver 的 API，getWebElement 在这里就会转化为 /session/:sessionId/element 这个 URL，然后在发出的 HTTP 请求正文内再附上具体的参数。如 by ID 还是 CSS 还是 Xpath？各自的值又是什么？收到并执行这个操作之后，也会回复一个 HTTP 响应。内容也是 JSON，会返回找到的 WebElement 的各种细节，如 text、CSS selector、tag name、class name 等。详细情况参见 WebDriver 官网。

WebDriver 协议参照表如表 2-1 所示。

表 2-1 WebDriver 协议参照表

方法	模板	命令
POST	/session	New Session
DELETE	/session/{*session id*}	Delete Session
GET	/status	Status
GET	/session/{*session id*}/timeouts	Get Timeouts
POST	/session/{*session id*}/timeouts	Set Timeouts
POST	/session/{*session id*}/url	Go

续表

方法	模板	命令
GET	/session/{*session id*}/url	Get Current URL
POST	/session/{*session id*}/back	Back
POST	/session/{*session id*}/forward	Forward
POST	/session/{*session id*}/refresh	Refresh
GET	/session/{*session id*}/title	Get Title
GET	/session/{*session id*}/window	Get Window Handle
DELETE	/session/{*session id*}/window	Close Window
POST	/session/{*session id*}/window	Switch To Window
GET	/session/{*session id*}/window/handles	Get Window Handles
POST	/session/{*session id*}/frame	Switch To Frame
POST	/session/{*session id*}/frame/parent	Switch To Parent Frame
GET	/session/{*session id*}/window/rect	Get Window Rect
POST	/session/{*session id*}/window/rect	Set Window Rect
POST	/session/{*session id*}/window/maximize	Maximize Window
POST	/session/{*session id*}/window/minimize	Minimize Window
POST	/session/{*session id*}/window/fullscreen	Fullscreen Window
GET	/session/{*session id*}/element/active	Get Active Element
POST	/session/{*session id*}/element	Find Element
POST	/session/{*session id*}/elements	Find Elements
POST	/session/{*session id*}/element/{element id}/element	Find Element From Element
POST	/session/{*session id*}/element/{element id}/elements	Find Elements From Element
GET	/session/{*session id*}/element/{*element id*}/selected	Is Element Selected
GET	/session/{*session id*}/element/{*element id*}/attribute/{*name*}	Get Element Attribute
GET	/session/{*session id*}/element/{*element id*}/property/{*name*}	Get Element Property
GET	/session/{*session id*}/element/{*element id*}/css/{*property name*}	Get Element CSS Value
GET	/session/{*session id*}/element/{*element id*}/text	Get Element Text
GET	/session/{*session id*}/element/{*element id*}/name	Get Element Tag Name
GET	/session/{*session id*}/element/{*element id*}/rect	Get Element Rect
GET	/session/{*session id*}/element/{*element id*}/enabled	Is Element Enabled
POST	/session/{*session id*}/element/{*element id*}/click	Element Click
POST	/session/{*session id*}/element/{*element id*}/clear	Element Clear
POST	/session/{*session id*}/element/{*element id*}/value	Element Send Keys

续表

方法	模板	命令
GET	/session/{session id}/source	Get Page Source
POST	/session/{session id}/execute/sync	Execute Script
POST	/session/{session id}/execute/async	Execute Async Script
GET	/session/{session id}/cookie	Get All Cookies
GET	/session/{session id}/cookie/{name}	Get Named Cookie
POST	/session/{session id}/cookie	Add Cookie
DELETE	/session/{session id}/cookie/{name}	Delete Cookie
DELETE	/session/{session id}/cookie	Delete All Cookies
POST	/session/{session id}/actions	Perform Actions
DELETE	/session/{session id}/actions	Release Actions
POST	/session/{session id}/alert/dismiss	Dismiss Alert
POST	/session/{session id}/alert/accept	Accept Alert
GET	/session/{session id}/alert/text	Get Alert Text
POST	/session/{session id}/alert/text	Send Alert Text
GET	/session/{session id}/screenshot	Take Screenshot
GET	/session/{session id}/element/{element id}/screenshot	Take Element Screenshot

2. 代码分析

下面通过测试用例，查看程序如何通过 execute 执行发送请求，并返回相应的响应。在 HttpCommandExecutor.class 文件的 execute 方法前添加断点来查看每个操作中的命令内容。下面分步查看 WebDriver 的具体参数。解析的代码片段如图 2-4 所示。

图 2-4 代码片段

（1）启动一个测试程序，如 ChromeDriver。Server 地址为 http://localhost:11177（见图 2-5）。参数 command 为 [null, newSession {desiredCapabilities=Capabilities {browserName: chrome}}]（见图 2-6）。通过代码清单 2-2，启动浏览器。

代码清单 2-2　启动浏览器

```
WebDriver driver = new ChromeDriver(service, options);
```

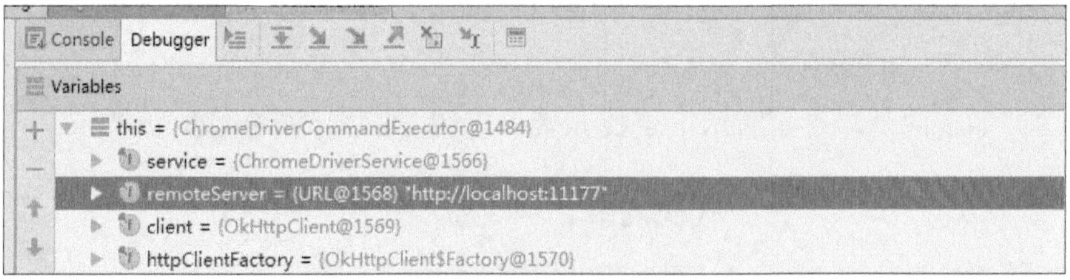

图 2-5　Server 地址

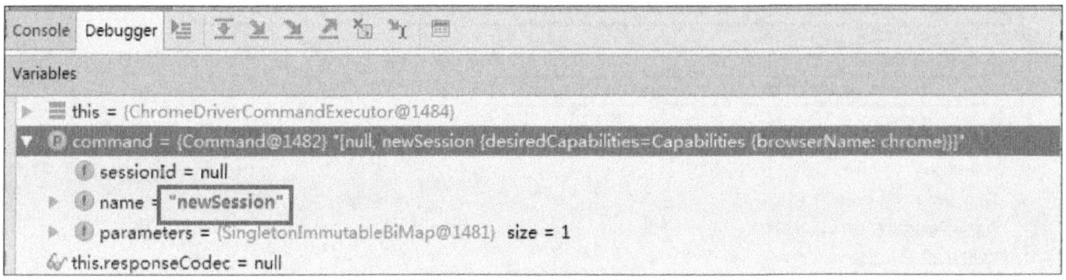

图 2-6　命令

（2）如代码清单 2-3 所示，打开网址，如百度网址（见图 2-7）。

代码清单 2-3　打开网址

```
driver.get(" 百度网址 ");
```

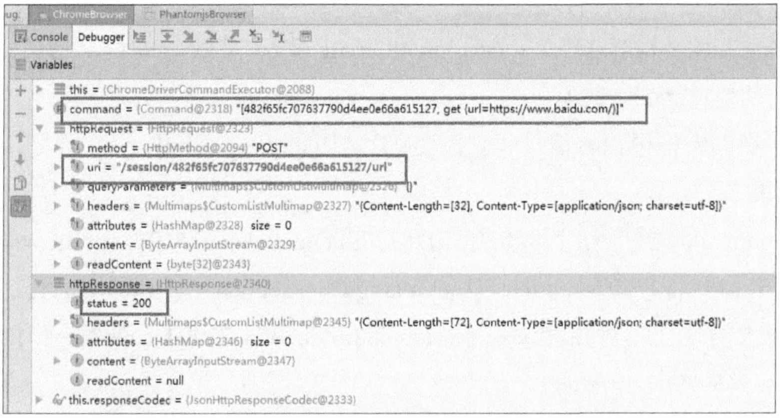

图 2-7　请求命令

- Command 参数：[482f65fc707637790d4ee0e66a615127, get {url= 百度网址 }]
（读者可在 url 后添加实际的网址）。

- 请求网址（相对路径）：/session/482f65fc707637790d4ee0e66a615127/url。

- 返回值：status=200。

（3）如代码清单 2-4 所示，查找元素（见图 2-8），如 By.id("kw")。

代码清单 2-4　查找元素

```
WebElement element = driver.findElement(By.id("kw"));
```

图 2-8　请求命令

- Command 参数：[482f65fc707637790d4ee0e66a615127, findElement {using=id, value=kw}]。

- 请求网址（相对路径）：/session/482f65fc707637790d4ee0e66a615127/element。

- 返回值：status=200。

（4）在编辑框中输入信息（见图 2-9），如 element.sendKeys(" 你好，京东 ")，
如代码清单 2-5 所示。

- Command 参　数：[482f65fc707637790d4ee0e66a615127, sendKeysToElement {id=0.3295918654697907-1, value=[Ljava.lang.CharSequence;@10a9d961}]。

- 请求网址（相对路径）：/session/482f65fc707637790d4ee0e66a615127/element/0.3295918654697907-1/value。

- 返回值：status=200。

代码清单 2-5 输入内容并搜索

```
element.sendKeys("你好，京东");
```

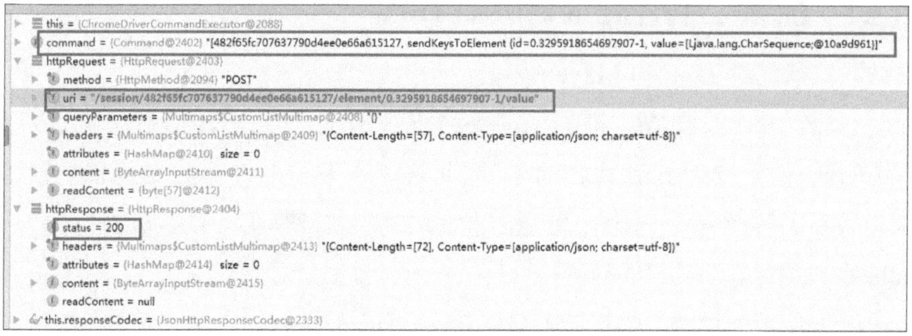

图 2-9 请求命令

（5）获取浏览器 Title（见图 2-10），如 driver.getTitle()。

- Command 参数：[482f65fc707637790d4ee0e66a615127, getTitle {}]。

- 请求网址（相对路径）：/session/482f65fc707637790d4ee0e66a615127/title。

- 返回值：status=200。

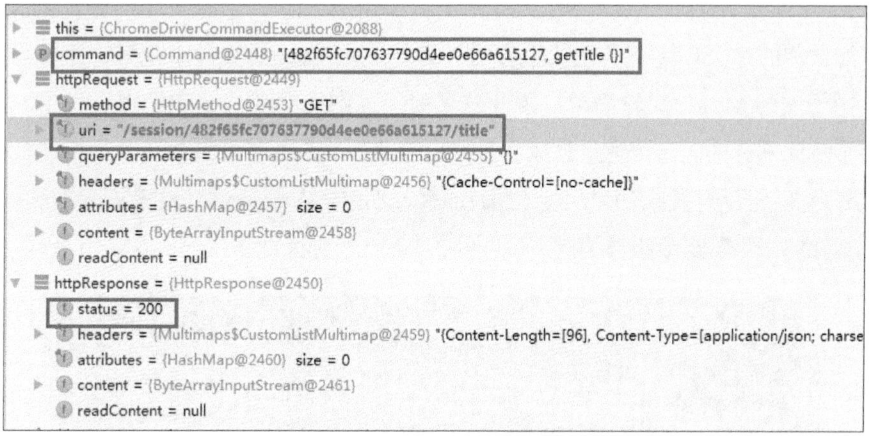

图 2-10 请求命令

2.2 SeleniumWebDriver 环境的搭建与测试

本节将介绍如何搭建 Selenium WebDriver 的开发环境，包括如何配置 Java、

Maven 环境，并介绍如何启动一个简单的 UI 自动化程序。

2.2.1 配置 Java 和 Maven 环境

按以下步骤配置 Java 和 Maven 环境。

（1）安装 JDK 并配置。根据当前系统下载 JDK 安装包，而后根据提示进行安装和系统配置。由于安装 JDK 比较简单，因此这里就不详细讲解其安装和配置过程了，如果读者需要了解此部分内容，可通过搜索引擎进行查询。JDK 安装包的下载地址为 Oracle 官方网站。

为了检验是否配置成功，运行 CMD，输入"java -version"（注意，java 和 -version 之间有空格）。若显示版本信息（见图 2-11），则说明 JDK 安装、配置成功。

```
C:\Users\lijianshuang>java -version
java version "1.8.0_121"
Java(TM) SE Runtime Environment (build 1.8.0_121-b13)
Java HotSpot(TM) 64-Bit Server VM (build 25.121-b13, mixed mode)
```

图 2-11　Java 版本

（2）安装、配置 Maven。根据当前系统下载相应的包，并配置环境变量和本地库的路径。如果你的办公环境有自己的服务器，需要在 setting.xml 文件中配置好服务器地址和密码。由于安装 Maven 比较简单，因此这里就不详细讲解其安装和配置过程了，如果读者需要了解此部分内容，可通过搜索引擎进行查询。Maven 下载地址为 Apache 官网。

为了检验是否配置成功，运行 CMD，输入"mvn –version"（注意，mvn 和 -version 之间有空格）。若显示版本信息（见图 2-12），则说明 Maven 安装、配置成功。

```
C:\Users\lijianshuang>mvn -version
Apache Maven 3.5.0 (ff8f5e7444045639af65f6095c62210b5713f426; 2017-04-04T03:39:0
Maven home: D:\work_new\tools\apache-maven-3.5.0_mock\bin\..
Java version: 1.8.0_121, vendor: Oracle Corporation
Java home: C:\Program Files\Java\jdk1.8.0_121\jre
Default locale: zh_CN, platform encoding: GBK
OS name: "windows 7", version: "6.1", arch: "amd64", family: "windows"
```

图 2-12　Maven 版本

2.2.2 创建 Maven 项目

按以下步骤创建 Maven 项目。

（1）打开 IntelliJ IDEA，在主菜单中选择 File → New → Project，如图 2-13 所示，

创建新项目。

图 2-13　创建新项目

（2）当出现 New Project 窗口时，在左端窗格中选择 Maven，在 Project SDK 下拉列表中选择需要的 JDK 版本（如 java version "1.8.0_121"），如图 2-14 所示。

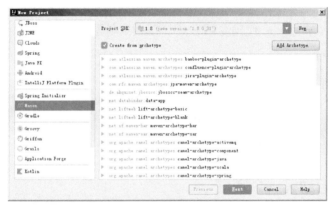

图 2-14　选择 SDK

（3）设置 GroupId（如 com.jd.example）、ArtifactId（如 example-selenium）和 Project name（如 example-selenium），如图 2-15 和图 2-16 所示，单击"完成"按钮。注意，尽量保证 ArtifactId 和 Project name 保持一致。

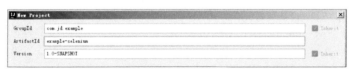

图 2-15　输入 GroupId 和 ArtifactId

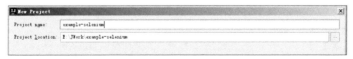

图 2-16　输入项目名称

（4）当项目创建成功后，如图 2-17 所示，在主菜单中选择 File → Settings，在左

端搜索框中输入配置"maven"，在 maven home directory 中选中本地配置好的 Maven
版本。单击"确定"按钮即可。注意，可在 User settings
file 中指定 setting.xml 配置文件，可在 Local repository 中
指定本地库的路径。

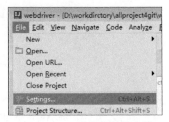

图 2-17　选择配置选项

（5）创建项目后，如代码清单 2-6 所示，需要添
加支持 Selenium 的 dependency 到 pom.xml 文件中。当
项目右下角中提示"maven projects need to be importd"
时，选择 Import Changes。一个项目就创建好了。

代码清单 2-6　项目文件配置

```
1  <!-- https://mvnrepository.com/artifact/org.seleniumhq.selenium/
   selenium-java -->
2  <dependency>
3    <groupId> org.seleniumhq.selenium</groupId>
4    <artifactId> selenium-java</artifactId>
5    <version> 3.9.1 </version>
6  </dependency>
```

2.2.3　启动第一个测试

按照以下步骤启动第一个测试。

（1）复制代码到 Demo 项目中，根据本机浏览器位置，修改 BROWSER_PATH 的值，
下面的 Demo 程序是通过 Chrome 来进行演示的。请参见代码清单 2-7。

代码清单 2-7　测试代码

```
1  // 导入代码编写时需要的类库
2  import org.openqa.selenium.By;
3  import org.openqa.selenium.WebDriver;
4  import org.openqa.selenium.WebElement;
5  import org.openqa.selenium.support.ui.ExpectedCondition;
6  import org.openqa.selenium.support.ui.WebDriverWait;
7
8  public class Demo {
9  // 配置本地 chromedriver.exe 所在路径，此文件可以通过 Selenium 官方下载地址获取
10 // 可以通过官网下载 chromedriver.exe 文件
11     private static final String DRIVER_PATH = Thread.currentThread().
       getContextClassLoader().getResource("").getPath() + "driver\\
       ChromDriver2.35\\chromedriver.exe";
```

```
12
13  // 指定本机 Chrome 的安装路径，注意：安装版本必须与官网中下载的 chromedriver.exe 版本匹配
14  // 可以通过官方下载地址中的 change log 查看版本是否匹配
15      private static final String BROWSER_PATH = "C:\\Program Files (x86)\\
            Google\\Chrome\\Application\\chrome.exe";
16
17      public static void main(String[] args) throws IOException {
18  // 可通过 ChromeDriverService 中配置 chromedriver.exe 的路径
19          ChromeDriverService service = new ChromeDriverService.Builder()
20                  .usingDriverExecutable(new File(DRIVER_PATH))
21                  .usingAnyFreePort()
22                  .build();
23
24          // 可通过 ChromeOptions 中配置 Chrome 的安装路径
25          ChromeOptions options = new ChromeOptions()
26                  .setBinary(new File(BROWSER_PATH));
27
28          // 通过配置的 ChromeDriverService、ChromeOptions，启动 Chrome 浏览器
29          WebDriver driver = new ChromeDriver(service , options);
30
31  // 打开测试网址
32  // 也可以通过 navigate 的方式 driver.navigate().to(https://www.baidu.com/);
33  driver.get("http://www.baidu.com") ;
34
35  // 查找输入框的元素
36  WebElement element = driver.findElement(By.id("kw"));
37
38  // 输入 " 你好，京东 " 并提交
39  element.sendKeys(" 你好，京东 ") ;
40  element.submit();
41
42  // 等待页面加载，知道出现期望元素，如果超过 10s 则抛异常
43  new WebDriverWait(driver, 10).until(new ExpectedCondition<Boolean>() {
44      public Boolean apply(WebDriver d) {
45          return d.getTitle().toLowerCase().startsWith(" 你好 , 京东 ");
46      }
47  });
48
49  // 输出页面标题
50  System.out.println("Page title is: " + driver.getTitle());
51
52  // 关闭浏览器。driver.close()：关闭当前窗口；driver.quit()：退出驱动并关闭所
```

有关联的窗口

```
53 driver.quit();
54 }
55 }
```

（2）启动程序，若看到京东相关内容（见图2-18），则表明已经成功地进入Selenium的世界了。

图2-18　启动后页面

2.3　Selenium 浏览器支持

下面将会介绍 Selenium 2.0 和 Selenium 3.0 支持的浏览器，以及常用的几种浏览器的版本映射和 UI 自动化的实例，以此了解不同浏览器是如何调用的。

对于 Selenium，在 UI 自动测试中，可以根据需要选择适合的浏览器类型。官网中并没有明确列出 WebDriver 支持浏览器的所有版本号，仅仅列出浏览器的名称。下面结合作者个人的实际使用情况列出 WebDriver 支持的浏览器版本，请读者在测试实践中进行再次确认。

- 谷歌浏览器 Chrome。
- IE 浏览器。Selenium 2.0 支持 IE 7 ～ IE 11，不支持 IE 6。Selenium 2.0 支持的操作系统包括 Windows Vista、Windows 7、Windows 8 和 Windows 8.1。Selenium 3.0

不支持 IE 9 以下的版本。

- 火狐浏览器（Firefox）（geckodriver v0.19.0: Firefox 55.0＋& Selenium 3.5＋）。
- Mac 操作系统的 Safari 默认版本。
- Opera。
- HtmlUnit（无头浏览器）。
- PhantomJS。
- Android 手机中默认的浏览器。
- iOS 手机中默认的浏览器。

2.3.1　浏览器的版本映射

下面介绍浏览器与浏览器驱动的映射。在 UI 自动测试过程中，版本不兼容的问题是一个令人非常头疼的问题，因此这里总结了浏览器与浏览器驱动的版本问题，读者可以根据版本来进行配置环境。

1. ChromeDriver 版本映射

ChromeDriver 与 Chrome 浏览器之间的版本映射关系如表 2-2 所示，也可根据 change log 网址中的内容获取版本映射。

表 2-2　ChromeDriver 与 Chrome 浏览器之间的版本映射关系

驱动 ChromeDriver 版本	支持的 Chrome 浏览器版本
v2.36	v64～v66
v2.35	v62～64
v2.34	v61～63
v2.33	v60～62
v2.32	v59～61
v2.31	v58～60
v2.30	v58～60
v2.29	v56～58
v2.28	v55～57
v2.27	v54～56
v2.26	v53～55

驱动 ChromeDriver 版本	支持的 Chrome 浏览器版本
v2.25	v53 ～ 55
v2.24	v52 ～ 54
v2.23	v51 ～ 53
v2.22	v49 ～ 52
v2.21	v46 ～ 50
v2.20	v43 ～ 48
v2.19	v43 ～ 47
v2.18	v43 ～ 46
v2.17	v42 ～ 43
v2.13	v42 ～ 45
v2.15	v40 ～ 43
v2.14	v39 ～ 42
v2.13	v38 ～ 41
v2.12	v36 ～ 40
v2.11	v36 ～ 40
v2.10	v33 ～ 36
v2.9	v31 ～ 34
v2.8	v30 ～ 33
v2.7	v30 ～ 33
v2.6	v29 ～ 32
v2.5	v29 ～ 32
v2.4	v29 ～ 32

2. GeckoDriver 版本映射

GeckoDriver 与火狐浏览器之间的版本映射关系如表 2-3 所示，也可根据 change log 网址中的内容获取版本映射。

表 2-3　GeckoDriver 与火狐浏览器之间的版本映射关系

GeckoDriver 版本	支持的火狐浏览器版本	Selenium
Geckodriver v0.19.0	Firefox 55.0+	Selenium 3.5+
Geckodriver v0.16.0	—	Selenium 3.4+

3. HtmlUnit-Driver 版本映射

HtmlUnit-Driver 与 Selenium 浏览器版本版本之间的映射关系如表 2-4 所示，也可根据 change log 网址中的内容获取版本映射。

表 2-4　HtmlUnit 驱动与 Selenium 浏览器版本之间的映射关系

HtmlUnit-Driver 版本	Selenium 版本
v2.29.2	v3.9.1
v2.29.1	v3.9.0
v2.28.3	v3.8.1
v2.28.1	v3.7.1
v2.28	v3.7.0
v2.2	v2.53

2.3.2　常见浏览器的 UI 自动化实例

下面介绍常见的几种浏览器，通过浏览器运行 UI 自动化测试。一般浏览器有两种：一种是有 GUI 的浏览器，如火狐浏览器、谷歌浏览器、IE 等，它们都是有界面的浏览器，可以与用户直接交互，很直观地模拟用户操作。另一种是无 GUI 的浏览器（无头浏览器），如 HtmlUnit 和 PhantomJS。它们都不是真正的浏览器，都没有 GUI，而是具有支持 HTML、JS 等解析能力的类浏览器程序。这些程序不会渲染出网页的显示内容，但是支持页面元素的查找、JavaScript 的执行等；由于不进行 CSS 及 GUI 渲染，所以其运行效率会比真实浏览器快很多，主要用在功能性测试方面。

1. 火狐浏览器（GeckoDriver）

火狐浏览器是在 Selenium UI 自动化测试中经常使用的浏览器。GeckoDriver 对页面的自动化支持比较好，可以很直观地模拟用户的操作，对 JavaScript 的支持也是非常完善的，基本上页面做的所有操作在火狐 Driver 中都可以模拟。

注意，自 v3.0.0-beta4 版本后，Selenium 只支持 47.0.1 版本或者更早的版本。如果需要用新版本火狐浏览器，需通过 geckodriver.exe 进行驱动。感兴趣的读者可以通过 Selenium 官网了解 Selenium 对火狐浏览器的支持情况。获取浏览器启动的源码如代码清单 2-8 所示。

代码清单 2-8　启动 GeckoDriver

```
1   // 此处需指定 GeckoDriver 的路径（DRIVER_PATH 为 GeckoDriver 的路径）
2   GeckoDriverService service = new GeckoDriverService.Builder()
3           .usingDriverExecutable(new File(DRIVER_PATH))
4           .usingAnyFreePort()
5           .build();
6
7   // 此处需指定火狐浏览器的安装路径（BROWSER_PATH 为火狐浏览器的安装路径）
8   FirefoxOptions options = new FirefoxOptions()
9           .setBinary(BROWSER_PATH)
10  // 此处可以实例化 FirefoxProfile，以修改参数
11          .setProfile(new FirefoxProfile());
12
13  // 加载配置文件，并创建 WebDriver 实例
14  WebDriver driver = new FirefoxDriver(service, options);
15
16  // 此处可以对浏览器进行操作了
17  doSomething…;
```

2. 谷歌浏览器（ChromeDriver）

谷歌浏览器是在 Selenium UI 自动化测试中常使用的浏览器之一。ChromeDriver 对页面的自动化支持比较好，可以很直观地模拟用户的操作。与火狐浏览器一样，其对 JavaScript 的支持也是非常完善的，基本上页面做的所有操作都可以模拟。谷歌浏览器与火狐浏览器不同的地方是，它和驱动一直都是分开的。可以通过代码清单 2-9 启动谷歌浏览器。

代码清单 2-9　启动谷歌浏览器

```
1   // 此处需指定 ChromeDriver 的路径（DRIVER_PATH 为 ChromeDriver 的路径）
2   ChromeDriverService service = new ChromeDriverService.Builder()
3           .usingDriverExecutable(new File(DRIVER_PATH))
4           .usingAnyFreePort()
5           .build();
6
7   // 此处需指定谷歌浏览器的安装路径（BROWSER_PATH 为谷歌浏览器的安装路径）
8   ChromeOptions options = new ChromeOptions()
9           .setBinary(new File(BROWSER_PATH));
10
11  WebDriver driver = new ChromeDriver(service, options);
12
```

```
13 // 此处可以对浏览器进行操作了
14 doSomething…;
```

3. HtmlUnitDriver（无头浏览器）

WebDriver 包括一个基于 HtmlUnit 的无界面实现，称为 HtmlUnitDriver。也就是说，在使用 HtmlUnit 时并不会打开真实的浏览器，而是在内存中执行代码，因此运行速度很快。它是 Java 实现的类浏览器程序，包含在 Selenium Server 中，无须驱动，直接实例化即可。其 JavaScript 的解析引擎是 Rhino，但是对 JavaScript 的支持不够好。当页面上有复杂的 JavaScript 元素时，经常捕捉不到。

注意，如果需要通过 HtmlUnitDriver 来实现自动化测试，则需要在 pom.xml 文件中引入代码清单 2-10 所示依赖包。

代码清单 2-10　依赖包

```
1 <!-- https://mvnrepository.com/artifact/net.sourceforge.htmlunit/
   webdriver -->
2 <dependency>
3   <groupId> net.sourceforge.htmlunit </groupId>
4   <artifactId> webdriver </artifactId>
5   <version> 2.6 </version>
6 </dependency>
```

启动 HtmlUnitDriver，即无头浏览器，如代码清单 2-11 所示。

代码清单 2-11　启动 HtmlUnitDriver

```
1 // 支持 JavaScript（实际还是支持得不够好，因为 htmlUnit 使用的 JavaScript
   引擎 Rhino 不是主流浏览器支持的）
2 WebDriver driver = new HtmlUnitDriver();
3 // 此处可以对浏览器进行操作了
4 doSomething…;
```

4. PhantomJS（无头浏览器）

PhantomJS 是一个基于 WebKit 的 JavaScript API。它使用 QtWebKit 作为其核心浏览器的功能，使用 WebKit 来编译、解释执行 JavaScript 代码。任何可以基于 WebKit 浏览器做的事情，它都能做到。它不仅是一个隐形的浏览器，提供了 CSS 选择器、DOM 操作、JSON、HTML5、Canvas、SVG 等，而且提供了处理文件 I/O 的操作，从而使用户可以向操作系统读写文件等。其驱动 GhostDriver 在 1.9.3 版本之后已经打包进了主程序中，因此只要下载一个主程序即可。其 JavaScript 的解析引擎是 Chrome 的 V8。PhantomJS 的应用非常广泛，如网络监测、网页截屏、无须浏览器的 Web 测试、页面访问自动化等。

注意，如果需要通过 PhantomJS 来实现自动化测试，则需要在 pom.xml 文件中引入代码清单 2-12 所示依赖包。

代码清单 2-12　依赖包

```
1  <!-- https://mvnrepository.com/artifact/com.github.jesg/phantomjsdriver -->
2  <dependency>
3    <groupId>com.github.jesg</groupId>
4    <artifactId>phantomjsdriver</artifactId>
5    <version>3.0.0-beta1</version>
6  </dependency>
```

要启动 PhantomJS 浏览器，可参见代码清单 2-13。

代码清单 2-13　启动 PhantomJS 浏览器

```
1  // 设置必要参数
2  DesiredCapabilities caps = new DesiredCapabilities();
3  // SSL 证书支持: acceptSslCerts 设置为 true
4  caps.setCapability("acceptSslCerts", true);
5  // 截屏支持: takesScreenshot 设置为 true
6  caps.setCapability("takesScreenshot", true);
7  //CSS 搜索支持: cssSelectorsEnabled 设置为 true
8  caps.setCapability("cssSelectorsEnabled", true);
9  //Java Script 支持: setJavascriptEnabled 设置为 true
10 caps.setJavascriptEnabled(true);
11
12 // 驱动支持，可通过 PhantomJS 官网下载
13 caps.setCapability(PhantomJSDriverService.PHANTOMJS_EXECUTABLE_PATH_
       PROPERTY, DRIVER_PATH);
14
15 // 创建无界面浏览器对象
16 WebDriver driver = new PhantomJSDriver(caps);
17
18 // 此处可以对浏览器进行操作了
19 doSomething…;
```

2.4 WebDriver 对页面的处理

Selenium WebDriver 根据网页中页面元素通过不同的标签名和属性值等来定位不同的页面元素，并对定位到的页面元素完成各种操作。

在自动化测试的实施过程中，测试脚本中常用页面元素的操作步骤如下。

（1）定位网页上的页面元素，并获得该页面元素对象。

（2）通过获取的页面元素对象拥有的属性操作该页面元素。例如，单击，拖曳页面元素或者在输入框中输入内容等。

（3）设置页面元素的操作值。例如，设置输入框中输入的内容或者指定下拉列表中的某个选项等。

通过以上 3 步，可以完成对页面元素的自动化操作，但在此之前必须得到要操作的页面元素对象，否则接下来的两步将是空谈。由于网页技术的实现过于复杂，在自动化测试实践过程中，经常出现各种页面元素难以定位的难题，常常有人绞尽脑汁也无法成功完成某些页面元素的定位。为了更好地解决页面元素的定位难题，本节将根据作者多年的最佳实践经验，详细地介绍定位页面元素的常用方法。

2.4.1 元素的定位原理

WebDriver 之所以能操作 Web 控件、模拟用户输入内容、实现单击按钮等操作，并能够进行 UI 自动化测试，其工作原理是通过 HTML DOM 对浏览器的操作。

DOM 是 W3C（万维网联盟）的标准，定义了访问 HTML 和 XML 文档的标准：“W3C 文档对象模型 （DOM） 是中立于平台和语言的接口，它允许程序和脚本动态地访问和更新文档的内容、结构和样式。”W3C DOM 标准分为 3 个不同的部分：核心 DOM，针对任何结构化文档的标准模型； XML DOM，针对 XML 文档的标准模型；HTML DOM，针对 HTML 文档的标准模型。

HTML DOM（HTML Document Object Model，HTML 文档对象模型）是标准的对象模型和标准的编程接口，是关于如何获取、修改、添加或删除 HTML 元素的标准，如图 2-19 所示。它将网页中的各个元素都看作一个个对象，从而使网页中的元素也可以被计算机语言获取或者编辑。也就是说，将 HTML 文件转化为节点树。节点树中的节点有文档节点、元素节点、文本节点、属性节点和注释节点。通过 DOM，树中的所有节点都可以被 JavaScript 访问和修改，包括父节点、子节点和同胞节点。方法编程接口包括 document.getElementById()、getElementByName()、getElementByClassName()、getElementByTagName()、appendChild()、removeChild()、innerHTML、parentNode、childNode、attributesNode 等。

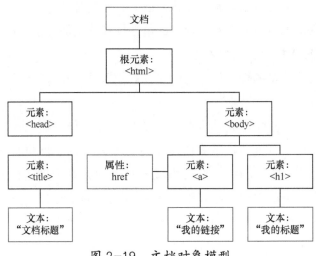

图 2-19　文档对象模型

2.4.2　元素的定位方式

WebDriver 面向对象的方式大大降低了 Selenium 的入门门槛，对 Web 元素的操作也非常简单。在实际项目中，工作量最大的部分就是如何解析定位到目标项目页面中的各种元素。好比用户要定位一个 Button，可以用 ID，也可以用 CSS，或者用 XPATH，为了单击这个 Button，写了一个函数以调用 Selenium 中的 API，即 WebElement 中的 click() 或者 submit()。本节将会详细介绍 Selenium 元素的定位方式，即 By.name()、By.id()、By.tagName()、By.classname()、By.linkText()、By.partialLinkText()、By.xpath()、By.cssSelector() 这 8 种定位方式。

1. By.name()

假设要测试的页面源码如下，若需要查看 name 属性，则可以通过 By.name("btnOK") 来定位元素，如代码清单 2-14 所示。

代码清单 2-14　页面代码片段

```
1  <button id="testId" name="btnOK" class="button" onclick="window.
   location.href='http://www.jd.com'">Goto JD
2  </button>
```

当要用 name 属性来引用这个 Button 并单击它时，可以通过代码清单 2-15 实现。

代码清单 2-15　脚本代码片段

```
1  WebElement element = driver.findElement(By.name("btnOK "));
2  System.out.println(element.getText());
3  element.click();
4  driver.quit();
```

2. By.id()

这是一种最常用的元素定位方式，如果没有定位类型，那么它将是一种默认的方式。假设要测试的页面源码如下，若需要查看 id 属性，则可以通过 By.id("testId") 来定位元素。页面源代码如代码清单 2-16 所示。

代码清单 2-16　页面代码片段

```
1  <button id="testId" name="btnOK" class="button" onclick="window.
   location.href='http://www.jd.com'">Goto JD
2  </button>
```

当要用 id 属性来引用这个 Button 并单击它时，可以通过代码清单 2-17 实现。

代码清单 2-17　脚本代码片段

```
1  WebElement element = driver.findElement(By.id("testId"));
2  System.out.println(element.getText());
3  element.click();
4  driver.quit();
```

3. By.tagName()

假设要测试的页面源码如下，若需要查看 tag，则可以通过 By.tagName ("button") 来定位元素。页面源代码如代码清单 2-18 所示。

代码清单 2-18　页面代码片段

```
1  <button id="testId" name="testName" class="button" onclick="window.
   location.href='http://www.jd.com'">Goto jd.com
```

```
2   </button>
```

在该方式下可以通过元素的标签名称来查找元素。By. tagName() 这个方法与之前两个方法的区别是，这个方法搜索到的元素通常不止一个，所以一般建议结合 findElements 方法来使用。例如，要查找页面上有多少个 Button，就可以用 button 这个 tagName 来进行查找，如代码清单 2-19 所示。

代码清单 2-19　脚本代码片段

```
1   List<WebElement> buttons = driver.findElements(By.tagName("button"));
2   for (WebElement button : buttons) {
3       System.out.println(button.getText());
4   }
5   driver.quit();
```

4. By.className()

By.className() 是利用元素的 CSS 所引用的伪类名称来查找元素的方法。对于任何 HTML 页面的元素来说，一般程序员或页面设计师会给元素直接赋予一个样式属性或者利用 CSS 文件中的伪类来定义元素样式，使元素在页面上显示时能够更加美观。一般 CSS 定义好后，就可以在页面元素中引用，如代码清单 2-20 所示。

代码清单 2-20　页面代码片段

```
1   .button {
2       background-color: #4CAF50; /* Green */
3       border: none;
4       color: white;
5       padding: 15px 32px;
6       text-align: center;
7       text-decoration: none;
8       display: inline-block;
9       font-size: 16px;
10  }
11  <button id="testId" name="testName" class="button" onclick="window.
    location.href='http://www.jd.com'">Goto jd.com
12  </button>
```

如果要查找该 Button 并操作它，则可以使用 className 属性，脚本代码片段如代码清单 2-21 所示。

代码清单 2-21　脚本代码片段

```
1   WebElement element = driver.findElement(By.className("button"));
2   System.out.println(element.getText());
3   driver.quit();
```

注意，当使用 By.className 来进行元素定位时，有时会碰到一个元素指定了若干个 class 属性值的 "复合样式" 的情况。例如，button：<button id="J_sidebar_login" class="btn btn_big btn_submit" type="submit"> 登录 </button>。这个 button 元素指定了 3 个不同的 CSS 伪类名作为它的样式属性值。此时，就必须结合后面要介绍的 By.cssSelector() 方式来定位了。

5. By.linkText()

这种方式比较直接，即通过超文本链接上的文字信息来定位元素。这种方式一般专门用于定位页面上的超文本链接。一个超文本链接如代码清单 2-22 所示。

代码清单 2-22　页面代码片段

```
<a href="http://www.jd.com">About JD</a>
```

当定位这个元素时，可以使用代码清单 2-23 进行操作。

代码清单 2-23　脚本代码片段

```
1   WebElement element = driver.findElement(By.linkText("About JD"));
2   System.out.println(element.getText());
3   driver.quit();
```

6. By.partialLinkText()

这种方法是对 By.LinkText() 的扩展，当不能准确知道超链接上的文本信息或者只想通过一些关键字进行匹配时，可以使用这种方法来通过部分链接文字进行匹配。具体代码如代码清单 2-24 所示。

代码清单 2-24　脚本代码片段

```
1   WebElement element = driver.findElement(By.partialLinkText("About"));
2   System.out.println(element.getText());
3   driver.quit();
```

注意，当使用这种方法进行定位时，可能会引起的问题是，当页面中不止一个超链接包含 About 时，findElement 方法只会返回第一个查找到的元素，而不会返回所有符合条件的元素。如果想要获得所有符合条件的元素，则只能使用 findElement 方法。

7. By.xpath()

Xpath 是 XML Path 的简称，因为 HTML 文档本身就是一个标准的 XML 页面，所以可以使用这种方法来定位页面元素。

注意，如果采用这种定位方式，WebDriver 就会扫描整个页面内的所有元素以定位所需要的元素，这是一个非常费时的操作。如果在脚本中大量使用 XPath 进行元素定位，则脚本的执行速度可能会稍慢。具体实现方式如代码清单 2-25 所示。

代码清单 2-25　页面代码片段

```
1  <html>
2  <head><title>Test Xpath</title></head>
3  <body>
4    <div id="div1">
5       <input type=" div1input " value=" 查询 "></input>
6    </div>
7    <br />
8    <div name="div2">
9       <input name="div2input" /></input>
10   </div>
11 </body>
```

下面展示使用绝对路径的定位方式。在被测试网页中，查找第一个 div 标签中的按钮，绝对路径以 "/" 开头，让 XPath 从文档的根节点开始解析，如 /html/body/div/input[@value=" 查询 "]。具体实现方式如代码清单 2-26 所示。

代码清单 2-26　脚本代码片段

```
WebElement button = driver.findElement(By.xpath("/html/body/div/input
    [@value=' 查询 ']"));
```

注意，一旦页面结构发生改变，该路径也随之失效，必须重新编辑，所以不推荐使用绝对路径的方式。

下面展示使用相对路径的定位方式。在被测试网页中，查找第一个 div 标签中的按钮，相对路径以 "//" 开头，让 XPath 从文档的任何元素节点开始解析。实现方式如代码清单 2-27 所示。

代码清单 2-27　脚本代码片段

```
1    //input[@value=" 查询 "]
2    WebElement button = driver.findElement(By.xpath("//input[@value=' 查询 ']"));
```

下面展示使用索引号的定位方式。在被测试网页中，查找第二个 div 标签中的 " 查询 "。实现方式如代码清单 2-28 所示。

代码清单 2-28　脚本代码片段

```
1    //input[2]
2    WebElement button = driver.findElement(By.xpath("//input[2]"));
```

下面展示使用页面属性的定位方式。在被测试页面中，定位第一个图片元素。实现方式如代码清单 2-29 所示。

代码清单 2-29　脚本代码片段

```
1    //div[@name=' div2iniput ']
2    WebElement button = driver.findElement(By.xpath("//div[@name=' div2iniput ']"));
```

下面展示如何使用 contains 关键字实现模糊定位。实现方式如代码清单 2-30 所示。

代码清单 2-30　脚本代码片段

```
1    // div [contains(@name,' div3 ')]
2    WebElement button = driver.findElement(By.xpath("//div [contains(@
     name,' div3 ')]"));
```

注意，可以参考附录 C 中的 XPath 语法和 XPath 运算符来查看 XPath 的语法。

8. By.cssSelector()

CssSelector 是作者推荐的元素定位方法。Selenium 官网的文档极力推荐使用 CSS locator，而不是 XPath 来定位元素，原因是 CSS locator 比 XPath locator 速度快。前端开发人员用 CSS Selector 设置页面上每一个元素的样式，无论那个元素的位置有多复杂，他们都能定位到。因此，使用 CSS Selector 肯定也能非常精准地定位页面元素。

（1）根据 tagName 定位元素，如代码清单 2-31 所示。

代码清单 2-31　脚本代码片段

```
WebElement element = driver.findElement(By.cssSelector("input"));
```

（2）根据 ID 定位元素，如代码清单 2-32 所示。

代码清单 2-32　脚本代码片段

```
1  //HTML 标签和 #id
2  WebElement element = driver.findElement(By.cssSelector("input#use"));
3  // 只是 #id
4  element = driver.findElement(By.cssSelector("#user"));
```

（3）根据 className 定位元素，如代码清单 2-33 所示。

代码清单 2-33　脚本代码片段

```
WebElement element = driver.findElement(By.cssSelector(".user"));
```

（4）根据元素属性定位元素，包括精准匹配和模糊匹配两种方式。

要实现精准匹配，如代码清单 2-34 所示。

代码清单 2-34　脚本代码片段

```
1  // 属性名 = 属性值
2  WebElement element =
     driver.findElement(By.cssSelector("input[name=user]"));
3  // 存在属性
4  element = driver.findElement(By.cssSelector("img[alt]"));
5  // 多属性
6  element = driver.findElement(By.cssSelector("input[type='submit']
   [value='Login']"));
```

要实现模糊匹配（正则表达式匹配属性），如代码清单 2-35 所示。

代码清单 2-35　脚本代码片段

```
1  // 匹配到 id 头部
2  WebElement element = driver.findElement(By.cssSelector(Input[id
     ^='jd']));
3  // 匹配到 id 尾部
4  element = driver.findElement(By.cssSelector(Input[id $='jd']));
5  // 匹配到 id 中间
6  element = driver.findElement(By.cssSelector(Input[id *= 'jd']));
```

2.4.3　Selenium 等待

下面介绍 Selenium 等待的三种方式。

（1）强制等待——Thread.sleep()：设置固定休眠时间。Java 的 Thread 类提供了休眠方法 sleep()，其在导入包后即可使用。sleep() 方法以 ms（毫秒）为单位，例如，Thread.sleep(3000)，执行到此方法，就固定地等待 3s 之后再接着执行后面的操作。

（2）隐式等待方法——implicitlyWait()：该方法比 sleep() 方法智能，sleep() 方法只能在一个固定的时间等待，而 implicitlyWait() 可以在一个时间范围内等待，这称为隐式等待。隐式等待为全部设置，也就是说，所有 findElement 方法都会隐式等待 10s。例如，driver.manage().timeouts().implicitlyWait(10，TimeUnit.SECONDS)，此方法针对执行脚本的所有对象，等待 10s。

（3）显示等待方法——WebDriverWait()：明确地要等到某个元素的出现或者某个元素的可单击等条件。若等不到，就一直等。如果在规定的时间之内都没找到，就抛出异常——每 500ms 扫描一次界面以判断是否出现元素。针对单一元素，可以设置超时时间。在规定时间内（10s 以内）出现 .red_box 元素就往下执行，否则就跳出。实现方式如代码清单 2-36 所示。

代码清单 2-36　脚本代码片段

```
1   // 等待页面加载，直到出现期望元素，如果超过10s则抛异常
2   new WebDriverWait(driver, 10).until(new ExpectedCondition<Boolean>() {
3       public Boolean apply(WebDriver d) {
4           return d.getTitle().toLowerCase().startsWith(" 你好 , 京东 ");
5       }
6   });
```

2.4.4　弹框的处理

JavaScript 共有 3 种弹出的对话框，也是我们在自动化测试中常见的 3 种，分别是警告框、确认框和提示框。

1. 警告框——alert()

警告框只有一个"确定"按钮，无返回值，经常用于确保用户可以得到某些信息。当警告框出现后，用户需要单击"确定"按钮才能继续进行操作。语法是：alert(" 文本 ")。实现方式见代码清单 2-37。

代码清单 2-37　警告框代码片段

```
1   Alert alert = driver.switchTo().alert();
2   alert.accept();
```

如果确认警告框后，又连续弹出警告框，则继续同样的操作。注意延时，不然可能因为太快而出错。实现方式见代码清单 2-38。

代码清单 2-38　警告框代码片段

```
1  Alert alert = driver.switchTo().alert();
2  alert.accept();
3  Thread.sleep(1000);
4  alert = driver.switchTo().alert();
5  alert.accept();
```

2. 确认框——confirm()

确认框有两个按钮，分别为"确定"按钮和"取消"按钮，两者分别返回 true 和 false。确认框用于使用户可以验证或者接受某些信息。当确认框出现后，用户需要单击"确定"按钮或者"取消"按钮，才能继续进行操作。如果用户单击"确定"按钮，那么返回值为 true。如果用户单击"取消"按钮，那么返回值为 false。语法是：confirm(" 文本 ")。实现方式见代码清单 2-39。

代码清单 2-39　确认框代码片段

```
1 Alert confirm = driver.switchTo().alert();
2 String text1 = confirm.getText(); // 获取 confirm 上的文本
3 System.out.println(text1);
4 confirm.accept(); // 关闭 confirm
```

3. 提示框——prompt()

提示框返回输入的消息，或者其默认值，经常用于提示用户在进入页面前输入某个值。当提示框出现后，用户需要输入某个值，然后单击"确定"按钮或"取消"按钮才能继续操纵。如果用户单击"确认"按钮，那么返回值为输入的值。如果用户单击"取消"按钮，那么返回值为 null。语法是：prompt(" 文本 "," 默认值 ")。实现方式见代码清单 2-40。

代码清单 2-40　提示框代码片段

```
1  Alert prompt = driver.switchTo().alert();
2  prompt.sendKeys("ok!!!!")// 如果支持输入，输入值
3  prompt.accept(); // 关闭 prompt
```

它们的本质是相同的，例如，driver.switchTo().alert() 可以得到警告框、确认框、提示框的对象，然后运用其方法对其进行操作。对话框操作的主要方法如下。

- getText()：得到文本值。
- accept()：相当于单击"确定"按钮。
- dismiss()：相当于单击"取消"按钮或者关掉对话框。

- sendKeys()：输入值，如果不支持输入，则会报错。

2.5 UI 自动化测试中的问题

目前，很多引入自动化测试工具的软件公司并没有让自动化测试发挥其应有的作用，其主要原因有以下几个方面。

（1）不正确的观念或不现实的期望。没有建立一个正确的软件测试自动化的观念，或操之过急，或认为测试自动化可以代替手工测试，或认为测试自动化可以发现大量新缺陷，或不够重视而不愿在初期投入比较大的开支等。多数情况下，对软件测试自动化存在过于乐观的态度、过高的期望，人们期望通过这种自动化测试的方案解决目前遇到的所有问题，这是不切实际的。

（2）缺乏高素质、经验丰富的测试人才。软件测试自动化并不是简简单单地使用测试工具，还需要有良好的测试流程、全面的测试用例等来配合脚本的编写。这就要求测试人员不但熟悉产品的特性和应用领域、测试流程，而且熟练掌握测试技术和编程技术。

（3）测试工具本身的问题影响测试的质量。通过自动测试工具执行测试用例，将自动测试与手工测试有效地结合，并在最终的测试报告中体现自动测试的结果，是比较正确的做法。

（4）没有进行有效、充分的培训。人员和培训是相辅相成的，如果没有良好、有效、充分的培训，则测试人员对测试工具的了解缺乏深度和广度，从而导致其使用效率低下，应用结果不理想。这种培训是一个长期的过程，不是通过一两次讲课的形式就能达到期望效果的。另外，在实际使用测试工具的过程中，测试工具的使用者可能还存在着各种各样的问题，这也需要有专人负责解决，否则会严重影响测试工具的使用积极性。

（5）没有考虑公司的实际情况，盲目引入测试工具。不同的测试工具面向不同的测试目的具有各自的特点和适用范围，所以不是任何一个优秀的测试工具都能适应不同公司的需求。

（6）没有形成一个使用测试工具的良好环境。建立良好的测试工具应用环境，需要对测试流程和管理机制做相适应的变化，也只有这样，测试工具才能真正发挥其作用。

2.6 小结

本章主要介绍了 Selenium 的发展历史和 Selenium WebDriver 的原理，其次介绍了 Selenium 的环境搭建与测试，并通过一个示例介绍了如何启动一个简单的 UI 自动化程序。然后介绍了 Selenium 支持的浏览器和 WebDriver 对页面的处理。最后对 UI 自动化测试中的一些问题进行了剖析，旨在使测试工具真正发挥其作用。

建议 Selenium WebDriver 的使用者尽可能地深入学习以上知识，尤其要增加学习编程技能的时间，编程能力的高低直接决定你是否可以写出优秀的自动化测试框架。真正的自动化测试高手，从技术能力上来说，比中等开发人员的水平还要高。所以，要成为一个能够独当一面的自动化测试工程师，必须不断地进行学习各类开发知识。并非每个测试工程师都可以成为自动化测试工程师。要改变常年手工测试的命运，必须坚持不懈地学习和实践，才能让我们离自动化测试的巅峰越来越近，最终有一天我们会站在顶峰摇旗呐喊。

京东

第 3 章

探索 API 自动化测试

自动化测试技术不仅仅应用于 UI 测试场景，它还具有广泛的应用范围，如接口自动化测试。通常情况下，R&D 在实际项目中会首先对接口进行开发并且发布测试版本。此时被测对象并没有提供操作界面，或者需要测试的对象中并不存在可操作的用户界面，它只提供对外接口服务支持，这样就导致 UI 自动化测试工作不再适用。面对这种测试工作，我们应该如何进行呢？本章主要介绍接口自动化测试的理论及实践方式。下面带领读者进入接口自动化测试的世界。

3.1 接口与接口测试

要了解接口测试怎么做，首先需要知道接口的定义是什么，接口用来做什么，接口的种类有哪些。掌握这些概念之后，对接口测试的理解及实际工作有很大的帮助。

3.1.1 接口概述

接口是指外部系统与本系统之间及系统内部的各个子系统间，以约定标准提供的服务，包括对外提供的接口、对内提供的接口。

一般情况下，我们所测试的接口对象主要是 Web 接口。Web 接口包括 HTTP 接口、Web Service 接口、RPC 接口等。下面主要介绍 HTTP 接口及 RPC 接口。

1. HTTP 接口

很多测试工程师在面试时应该都被问到过：你做过接口测试吗？你了解 HTTP 接口吗？ GET 接口和 POST 接口各有什么特点？它们的区别是什么？如果你没有详细地了解过且也没有在日常工作中应用过相关知识，那么你的回答可能不是面试官想要的。通过对下面内容的学习，你应该会得到答案，了解此部分内容对你的转型会有很大帮助。

国际标准化组织（International Organization for Standardization，ISO）制定了 OSI 模型。该模型定义了不同计算机互联的标准，是设计和描述计算机网络通信的基本框架。OSI 模型有 7 层结构，每层都可以有若干子层。如图 3-1 所示，OSI 的 7 层从上到下分别是应用层、表示层、会话层、传输层、网络层、数据链路层与物理层。其中，高层（即应用层、表示层、会话层、传输层）定义了应用程序的功能，下面 3 层（网络层、数据链路层、物理层）主要面向通过网络的端到端数据流，我们所说的 HTTP 存在于应用层中。

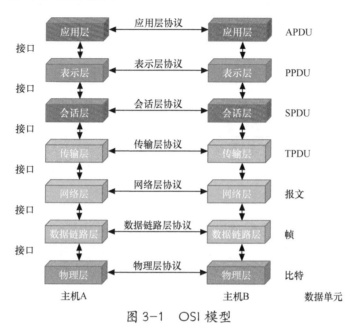

图 3-1　OSI 模型

HTTP（Hyper Text Transfer Protocol，超文本传输协议）是一种基于请求与响应模式的、无状态的应用层协议，使用基于 TCP 的连接方式。HTTP 1.1 版本给出了一种持续连接的机制，绝大多数 Web 开发都是构建在 HTTP 之上的 Web 应用。HTTP 工作于客户端 / 服务端架构之上。浏览器作为 HTTP 客户端通过 URL 向 HTTP 服务端（即 Web 服务器）发送请求，HTTP 服务器会处理相应的请求，经过业务逻辑计算后，将计算结果返回给浏览器，如图 3-2 所示。常见的 Web 服务器包括 Apache 服务器、IIS 服务器（Internet Information Services）等。HTTP 默认端口号为 80，但是也可以改为 8080 或者其他端口。

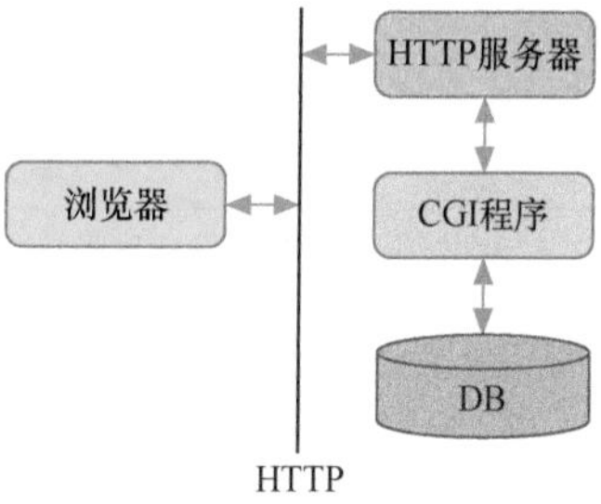

HTTP 的请求方法有不同的版本，HTTP 1.0 定义了 3 种请求方法，即 GET、POST 和 HEAD。HTTP 1.1 新增了 5 种请求方法，即 OPTIONS、PUT、DELETE、TRACE 和 CONNECT，详情如表 3-1 所示。

图 3-2　HTTP 交互架构图

表 3-1　HTTP 请求方法

方法类型	描述
GET	请求指定的页面信息，并返回实体主体
POST	向指定资源提交数据处理请求（如提交表单或者上传文件）。数据包含在请求体中。POST 请求可能会导致新的资源的建立和已有资源的修改
HEAD	类似于 GET 请求，只不过返回的响应中没有具体的内容，用于获取报头
PUT	用从客户端向服务器传送的数据取代指定文档的内容
DELETE	请求服务器删除指定的页面
CONNECT	HTTP 1.1 中预留给能够将连接改为管道方式的代理服务器
OPTIONS	允许客户端查看服务器的性能
TRACE	回显服务器收到的请求，主要用于测试或诊断

这里主要针对 GET 方法和 POST 方法对接口自动化测试进行简单介绍。下面先介绍 GET 与 POST 的区别。

从字面意义上理解，GET 是从指定的资源获取数据，POST 是向指定的资源提交将要处理的数据。GET 方法的入参是在 URL 中发送的，如代码清单 3-1 所示。

代码清单 3-1　GET 方法请求格式示例

```
/test/demo_form.asp?name1=value1&name2=value2
```

有关 GET 请求的其他注释如表 3-2 所示。

表 3-2　GET 请求的注释

序号	描述
1	请求可被缓存
2	请求保留在浏览器历史记录中
3	请求可被收藏为书签
4	请求不应在处理敏感数据时使用
5	请求有长度限制
6	请求只应当用于取回数据

POST 方法则不能通过在浏览器输入网址的方式直接访问。其请求入参是在 POST 请求的 HTTP 消息主体中发送的，一般常应用于提交表单，如代码清单 3-2 所示。

代码清单 3-2　POST 方法请求格式示例

```
POST /reg.jsp HTTP/ (CRLF)
Accept:image/gif,image/x-xbit,... (CRLF)
...
HOST:www.jd.com (CRLF)
Content-Length:22 (CRLF)
Connection:Keep-Alive (CRLF)
Cache-Control:no-cache (CRLF)
(CRLF) // 该 CRLF 表示消息报头已经结束，在此之前为消息报头
user=jeffrey&pwd=1234  // 此行以下为提交的数据
......
```

服务器在接收和解释请求消息后，会返回一个 HTTP 响应消息。响应消息分为 3 个部分：状态行、消息报头、响应正文。状态行内容为本次请求的结果概述；消息报头包含一些 Cookie 信息或者 Header 信息状态等；真正的响应内容则在响应正文中。状态行格式为 HTTP-Version、Status-Code、Reason-Phrase、CRLF。其中，HTTP-Version 表示服务器 HTTP 的版本；Status-Code 表示服务器发回的响应状态代码；Reason-Phrase 表示状态代码的文本描述。状态代码由 3 位数字组成。第一个数字定义了响应的类别，且有 5 种可能取值（如表 3-3 所示，常见 HTTP 状态码参见附录 F）。

表 3-3　HTTP 状态码分类

状态码头	描述
1xx	指示信息——表示请求已接收，继续处理
2xx	成功——表示请求已被成功接收、理解、接受
3xx	重定向——要完成请求必须进行更进一步的操作
4xx	客户端错误——请求有语法错误或请求无法实现
5xx	服务器端错误——服务器未能实现合法的请求

有关 POST 请求的其他注释如表 3-4 所示。

表 3-4　POST 请求的注释

序号	描述
1	请求不会被缓存
2	请求不会保留在浏览器历史记录中
3	请求不能被收藏为书签
4	请求对数据长度没有要求

GET 方法与 POST 方法的区别如表 3-5 所示。

表 3-5　GET 方法与 POST 方法的区别

分类	GET 方法	POST 方法
后退按钮 / 刷新	无害	数据会被重新提交（浏览器应该告知用户数据会被重新提交）
书签	可收藏为书签	不可收藏为书签
缓存	能被缓存	不能缓存
编码类型	application/x-www-form-urlencoded	application/x-www-form-urlencoded 或 multipart/form-data，为二进制数据使用多重编码
历时	参数保留在浏览器历史记录中	参数不会保存在浏览器历史记录中
对数据长度的限制	有限制。当发送数据时，GET 方法向 URL 添加数据；URL 的长度是受限制的（URL 的最大长度是 2048 个字符）	无限制
对数据类型的限制	只允许 ASCII 字符	没有限制（也允许二进制数据）
安全性	与 POST 方法相比，GET 方法的安全性较差，因为所发送的数据是 URL 的一部分。在发送密码或其他敏感信息时绝不要使用 GET 方法	POST 方法比 GET 方法更安全，因为参数不会保存在浏览器历史记录或 Web 服务器日志中
可见性	数据在 URL 中对所有人都是可见的	数据不会显示在 URL 中

2. RPC 接口

RPC（Remote Procedure Call，远程过程调用）协议是一种通过网络从远程计算机程序上请求服务，而不需要了解底层网络技术的协议。RPC 协议假定某些传输协议的存在，如 TCP 或 UDP，为通信程序之间携带信息数据。在 OSI 网络通信模型中，RPC 跨越了传输层和应用层。RPC 使开发包括网络分布式多程序在内的应用程序更加容易。

RPC 采用客户机 / 服务器模式。请求程序就是一个客户机，而服务提供程序就是一个服务器。首先，客户机调用进程发送一个有进程参数的调用信息到服务进程，然后等待应答信息。在服务器端，进程保持睡眠状态直到调用信息到达为止。当一个调用信息到达时，服务器获得进程参数，计算结果，发送答复信息。然后，等待下一个调用信息。最后，客户端调用进程接收答复信息，获得进程结果，调用执行继续进行。RPC 的工作流程（见图 3-3）：①调用客户句柄，传送参数；②调用本地系统内核发送网络消息；③消息传送到远程主机；④服务器句柄得到消息并取得参数；⑤执行远程过程；⑥执行的过程将结果返回服务器句柄；⑦服务器句柄返回结果，调用远程系统内核；⑧消息传回本地主机；⑨客户句柄由内核接收消息；⑩客户接收句柄返回的数据。

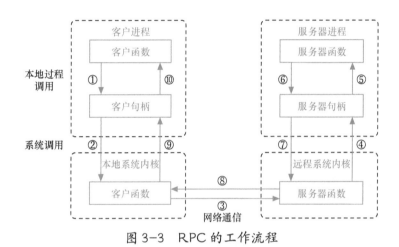

图 3-3　RPC 的工作流程

常见的一些 RPC 接口一般按照分层的方式来架构。使用这种方式可以使各层之间解耦合（或者最大限度地松耦合）。从服务模型的角度来看，接口采用的是一种非常简单的模型。其一是提供方提供服务，其二是消费方消费服务。其中，Provider 称为"服务提供者"，Consumer 称为"服务消费者"，Registry（服务注册与发现的中心目录服务）称为"服务注册中心"，Monitor（同级服务的调用次数和调用时间的日志服务）称为"服务监控中心"。它们之间的调用关系如图 3-4 所示。

核心部件如下。

- Remoting: 网络通信框架，实现了 sync-over-async 和 request-response 消息机制。
- RPC: 一个远程过程调用的抽象，支持负载均衡、容灾和集群功能。
- Registry: 服务目录框架用于服务的注册和服务事件的发布和订阅。

下面通过代码介绍一个简单的 RPC 接口 HelloWorld 例子。首先看服务端的代码实现。

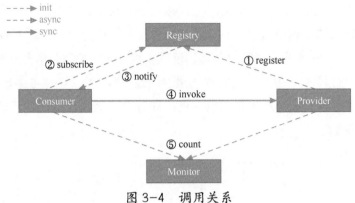

图 3-4　调用关系

（1）定义一个 Service Interface（HelloService.java），如代码清单 3-3 所示。

代码清单 3-3　HelloService 接口

```
package com.jd.testjsf;

public interface HelloService {
    public String echoStr(String str);
}
```

（2）接口的实现类（HelloServiceImpl.java）如代码清单 3-4 所示。

代码清单 3-4　HelloService 接口实现类

```
package com.jd.testjsf;

import org.slf4j.Logger;
import org.slf4j.LoggerFactory;

public class HelloServiceImpl implements HelloService {
    private static Logger logger = LoggerFactory.getLogger(HelloServiceImpl.class);
    @Override
    public String echoStr(String str) {
        logger.info("server get request : {}", str);
        return str;
    }
}
```

（3）配置 Spring（provider.xml），如代码清单 3-5 所示。

代码清单 3-5　provider.xml

```xml
<?xml version="1.0" encoding="UTF-8"?>

<beans xmlns=……>
    <!-- 实现类 -->
    <bean id="helloServiceImpl" class="com.jd.testjsf.HelloServiceImpl" />
    <!-- 注册中心 127.0.0.1 rpc.jd.com # 测试服务地址 -->
    <rpc:registry id="rpcRegistry" protocol="rpcRegistry" index="rpc.jd.com" />
    <!-- 服务器端 -->
    <rpc:server id="rpc" protocol="rpc"/>
    <!-- 发布服务 alias 可以改成自己的 -->
     <rpc:provider id="helloService" interface="com.jd.testjsf.HelloService"
         alias="CHANGE-IT" ref="helloServiceImpl" server="rpc" >
    </rpc:provider>
</beans>
```

到此，服务器端的代码就编写完成了。下面介绍客户端的代码实现。

（1）Spring 配置文件（consumer.xml）如代码清单 3-6 所示。

代码清单 3-6　consumer.xml

```xml
<?xml version="1.0" encoding="UTF-8"?>
<beans xmlns=……>
    <!-- 注册中心 127.0.0.1 rpc.jd.com # 测试服务地址 -->
    <rpc:registry id="rpcRegistry" protocol="rpcRegistry" index="rpc.jd.com"/>
     <rpc:consumer id="helloService" interface="com.jd.testjsf.HelloService"
         protocol="rpc" alias="CHANGE-IT" timeout="10000" >
    </rpc:consumer>
</beans>
```

（2）把客户端测试代码（ClientMain.java）注入到代码中进行调用。可以通过 applicationContext.getBean(name) 注入，也可以使用 @AutoWired 或者 @Resource 注入。下面的例子是通过 getBean 注入的，如代码清单 3-7 所示。

代码清单 3-7　客户端代码

```java
package com.jd.testjsf;

import org.slf4j.Logger;
import org.slf4j.LoggerFactory;
import org.springframework.context.support.ClassPathXmlApplicationContext;
```

```
public class ClientMain {
    private final static Logger LOGGER = LoggerFactory.getLogger(ClientMain.class);

    public static void main(String[] args) {
        ClassPathXmlApplicationContext appContext = new
            ClassPathXmlApplicationContext("/consumer.xml");
        HelloService service = (HelloService) appContext.getBean("helloService");

        LOGGER.info(" 得到调用端代理：{}", service);
        while (true) {
            try {
                String result = service.echoStr("zhanggeng put");
                LOGGER.info("response msg from server :{}", result);
            } catch (Exception e) {
                LOGGER.error(e.getMessage(), e);
            }
            try {
                Thread.sleep(2000);
            } catch (Exception e) {
            }
        }
        // RPCContext.destroy();
    }
}
```

3.1.2　接口测试概述

接口测试属于功能测试的一部分。为了解接口测试，需要了解部分代码的灰盒测试。区别于有界面软件的 UI 层测试，其测试的重点在于检查数据的交换、传递和控制管理过程，以及流程测试中系统间的相互依赖关系等。但是不管哪种接口，其本质就是发送一个 Request 报文给服务器，然后服务器响应返回一个 Response 报文。对 Response 报文进行分析，判断其是否和发送给服务器的 Request 对应的返回值相同，从而验证业务是否正确实现，这就是接口测试。另外，接口测试相对容易实现自动化的持续集成。同时，相对于 UI 自动化，接口测试也比较稳定，可以减少人工回归测试的成本，缩短测试周期，适用于敏捷开发项目。

接口测试的依据一般是接口文档及需求说明文档等，其流程如下。

（1）通过接口文档获取接口信息。

（2）参照文档设计测试用例（按照黑盒测试的用例设计规则来编写，如边界值、正交试验、等价类、错误推断等）。

（3）准备测试数据。

（4）执行测试等。

（5）输出测试报告。

由于接口测试的模式相对统一，因此接口测试工作一般可以借助通用的接口测试工具或者编写测试脚本来完成。常见的测试工具包括 JMeter、SoapUI、Postman、HTTPRequester 等。这些测试工具均以工具化的流程思维进行操作，操作简单，易上手。这样进行接口测试最大的优点是入门成本低，开发成本少。测试工具的缺点也十分明显，即需要遵循当前测试工具的规则展开模板式测试工作，灵活性差，功能单一，缺少可扩展等。通过编写测试脚本或者编写测试工具进行接口测试则需要至少掌握一门开发语言，其入门成本还是比较高的。

3.2 HTTP 单接口测试

3.2.1 HTTP 接口 GET 方法的测试脚本

下面用一个例子来介绍一下如何编写 HTTP 接口 GET 方法测试脚本。通常情况下，调用 HTTP 接口可以使用 Apache 的 HTTPClient 库，那么怎么获取 HTTPClient 库呢？如果使用 Maven 来管理项目，那么可在 Maven 中加入 GroupId 为 commons-httpclient、ArtifactId 为 commons-httpclient 的依赖。下面简单地介绍如何新建 Maven 项目。

简单来说，Maven 是一个项目管理工具，它不仅提供编译的脚本，还在整个项目周期中提供测试、发布、文档生成等功能，并且有独特的依赖性管理方法。强大的功能背后就是复杂的使用方法。第一次使用 Maven 往往需要耗费一段时间来从 Maven 远程仓库下载一个相关的依赖库。其中主要包含一些公共的依赖 jar 包等，这些依赖的 jar 包存放在 Maven 的本地仓库中。网上有公开的 Maven 远程仓库，如 mvnrepository 等。Maven 的安装方法及配置请见附录 E。下面以 IDEA 为基础介绍如何搭建一个 Maven 项目。

（1）打开 IntelliJ IDEA，新建一个项目，选择 Maven，如图 3-5 所示。

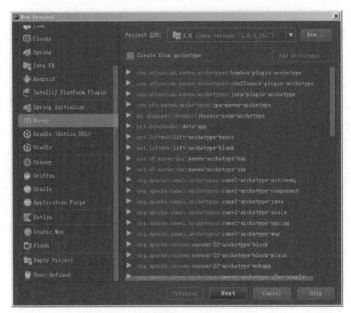

图 3-5　新建 Maven 项目

（2）单击 Next 按钮，然后在弹出的对话框中根据需要设置 GroupId、ArtifactId 及 Version，如图 3-6 所示。

图 3-6　设置项目 Maven 版本信息

（3）单击 Next 按钮，在弹出的对话框中输入项目名称及项目存储目录，单击 Finish 按钮，即完成一个 Maven 项目的新建。

新建 Maven 项目后，IDEA 会默认打开当前 Maven 项目的 pom.xml 文件。pom.xml 是用来存放 Maven 的基本工作单元的配置文件，其中包含有关 Maven 用于构建项目的基本信息和配置信息。在 pom.xml 文件的 dependencies 节点中编写所需依赖的相关信息。本节点通过 3 个"坐标值"可以确定一个依赖的版本信息。这 3 个坐标分别是 GroupId、ArtifactId 及 Version。因为需要用到 Apache 的 HTTPClient，所以在 pom.xml 的 dependencies 节点中添加代码清单 3-8 所示代码。

代码清单 3-8　配置 httpclient maven

```
<dependencies>
    <dependency>
        <groupId>commons-httpclient</groupId>
        <artifactId>commons-httpclient</artifactId>
        <version>4.3.1</version>
    </dependency>
</dependencies>
```

这样 Maven 就会自动将 httpclient.jar 下载到本地依赖库中，于是用户就可以在自己的代码中使用 HTTPClient 了。使用 HTTPClient 调用 GET 接口的封装方法如代码清单 3-9 所示。

代码清单 3-9　封装方法

```
public static String doGet(String url) {
    BufferedReader in = null;

    String content = null;
    try {
        // 定义 HttpClient
        CloseableHttpClient client = HttpClients.createDefault();
        // 实例化 HTTP 方法
        HttpGet request = new HttpGet();
        request.setURI(new URI(url));// 设置请求 URI
        HttpResponse response = client.execute(request);// 调用接口，获取返回值
        // 格式化返回值
        in = new BufferedReader(new InputStreamReader(response.getEntity().
            getContent()));
```

```
        StringBuffer sb = new StringBuffer("");
        String line = "";
        String NL = System.getProperty("line.separator");
        while ((line = in.readLine()) != null) {
            sb.append(line + NL);
        }
        in.close();
        content = sb.toString();
    } finally {
        if (in != null) {
            try {
                in.close();// 最后要关闭 BufferedReader
            } catch (Exception e) {
                e.printStackTrace();
            }
        }
    }
    return content;
    }
}
```

封装 HTTPClient 的 GET 访问方法后,在执行 GET 方法接口测试时,只须将拼装好的 URL 直接传入封装的 doGet 方法中即可成功调用 HTTP 接口,如代码清单 3-10 所示。

代码清单 3-10　调用 HTTP 接口

```
public class TestHttpGet {
    public static void main(String[] args) {
        String getUrl = "http://www.jd.com";
        String response = HttpClientUtil.doGet(getUrl);
        System.out.println(response);
    }
}
```

以上代码示例中,以 HTTP 接口的 GET 方法请求了京东网站服务器的首页。脚本执行请求接口成功后,会输出接口的响应信息,本例中会返回京东网站首页的 HTML 代码段。以上代码只完成了对 HTTP 接口 GET 方法的请求,并没有一个合理的检查点,还不能称为一个完全可用的接口测试脚本。因此,还需要为其添加一个验证接口响应是否正确的检查点,如代码清单 3-11 所示。

代码清单 3-11　调用 GET 接口方法并添加检查点

```
public class TestHttpGet {
    public static void main(String[] args) {
        String getUrl = "http://www.jd.com";
        String response = HttpClientUtil.doGet(getUrl);
        if(response.contains("京东(JD.COM)-正品低价、品质保障、配送及时、轻松购物！  ")){
            System.out.println("测试通过");
        }else {
            System.err.println("测试失败");
        }
    }
}
```

于是，一个完整的 HTTP.GET 接口测试脚本的基本功能就实现了，在运行 main
方法后就可以对编写好的 URL 进行测试了。

3.2.2　HTTP 接口 POST 方法的测试脚本

POST 方法相对于 GET 方法较复杂。对于 POST 接口，提交数据的常见形式包
含以下几种。

（1）application/x-www-form-urlencoded

这是最常见的提交数据的方式。如果浏览器的原生表单不设置 enctype 属性，那么
最终就会以 application/x-www-form-urlencoded 方式提交数据。请求类似于代码清单 3-12。

代码清单 3-12　application/x-www-form-urlencoded

```
POST http://www.example.com HTTP/1.1
Content-Type: application/x-www-form-urlencoded;charset=utf-8
key1=val1&key2=val2
```

首先，Content-Type 被指定为 application/x-www-form-urlencoded。其次，提交
的数据按照 key1=val1&key2=val2 的方式进行编码，key 和 value 都进行了 URL 转码。
大部分服务器端语言都对这种方式有很好的支持，很多时候，我们用 AJAX 提交数
据时，也使用这种方式。例如，JQuery 和 QWrap 的 AJAX，Content-Type 默认值都
是 application/x-www-form-urlencoded;charset=utf-8。

（2）multipart/form-data

这是一个常见的提交数据的方式。当使用表单上传文件时，必须让表单的 enctyped

等于这个值。请求示例如代码清单 3-13 所示。

代码清单 3-13　multipart/form-data

```
POST http://www.example.com HTTP/1.1
Content-Type:multipart/form-data; boundary=----WebKitFormBoundaryrGKCBY7
    qhFd3TrwA
------WebKitFormBoundaryrGKCBY7qhFd3TrwA
Content-Disposition: form-data; name="text"
title
------WebKitFormBoundaryrGKCBY7qhFd3TrwA
Content-Disposition: form-data; name="file"; filename="chrome.png"
Content-Type: image/png
PNG ... content of chrome.png ...
------WebKitFormBoundaryrGKCBY7qhFd3TrwA--
```

这种方式一般用来上传文件，各服务端语言对它也有着良好的支持。上面提到的这两种提交数据的方式，都是浏览器原生支持的，而且现阶段原生表单也只支持这两种方式。但是随着越来越多的 Web 站点（尤其是 WebApp），全部使用 AJAX 进行数据交互，我们完全可以定义新的数据提交方式，以给开发带来更多便利。

（3）application/json

实际上，现在越来越多的人把它作为请求头，用来告诉服务端消息主体是序列化后的 JSON 字符串。由于 JSON 规范的流行，除了低版本 IE 之外，各浏览器都原生支持 JSON.stringify，服务端语言也都有处理 JSON 的函数，使用 JSON 不会遇上什么麻烦。

下面再封装一个 POST 接口调用方法工具类。针对 FORM 表单及 JSON 提交方式，在封装 POST 接口调用方法时，分两种方式进行处理。POST 接口的调用在 doPost 方法中包含两个形参。第一个是 URL。第二个是 POST 方法入参，以 Map 或者 JSON 类型传入。其中，key 为接口入参的关键字，value 为对应关键字的值。封装方法如代码清单 3-14 所示。

代码清单 3-14　HTTP.POST 方法封装代码

```
/**
    * 处理 FORM 形式入参的 post 请求
    * @param url URL
    * @param map 入参
    * @return 接口响应
    */
public static String doPost(String url, Map<String, Object> map) {
```

```java
            HttpClient httpClient = null;
            HttpPost httpPost = null;
            String result = null;

            try {
                httpClient = new SSLClient();
                httpPost = new HttpPost(url);
                // 设置参数
                List<NameValuePair> list = new ArrayList<NameValuePair>();
                Iterator iterator = map.entrySet().iterator();
                while (iterator.hasNext()) {
                    Map.Entry<String, Object> elem = (Map.Entry<String, Object>)
                        iterator.next();
                    list.add(new BasicNameValuePair(elem.getKey(), elem.getValue().
                        toString()));
                }
                if (list.size() > 0) {
                    UrlEncodedFormEntity entity = new UrlEncodedFormEntity(list, "utf-8");
                    httpPost.setEntity(entity);
                }
                HttpResponse response = httpClient.execute(httpPost);
                if (response != null) {
                    HttpEntity resEntity = response.getEntity();
                    if (resEntity != null) {
                        result = EntityUtils.toString(resEntity, "utf-8");
                    }
                }
            } catch (Exception ex) {
                ex.printStackTrace();
            }
            return result;
    }

    /**
     * 处理 JSON 形式入参的 post 请求
     * @param url URL
     * @param jsonParam 入参
     * @return 接口响应
     * @throws IOException
     */
    public static String doPost(String url, JSONObject jsonParam) throws IOException {
        HttpPost httpPost = new HttpPost(url);
        CloseableHttpClient client = HttpClients.createDefault();
```

```
        String respContent = null;

        //JSON 方式
        StringEntity entity = new StringEntity(jsonParam.toString(), "utf-8");
        // 解决中文乱码问题
        entity.setContentEncoding("UTF-8");
        entity.setContentType("application/json");
        httpPost.setEntity(entity);

        HttpResponse resp = client.execute(httpPost);
        if (resp.getStatusLine().getStatusCode() == 200) {
            HttpEntity he = resp.getEntity();
            respContent = EntityUtils.toString(he, "UTF-8");
        }
        return respContent;
    }
```

利用此方法即可对 POST 接口编写测试用例了，如代码清单 3-15 所示。

代码清单 3-15　POST 接口的测试用例

```
public class TestHttpPost {
    public static void main(String[] args) throws IOException {
        String postUrl = "http://192.168.202.79:13000/query/status";
        JSONObject requestJson = new JSONObject();
        requestJson.put("uuid","863e8da7-6e98-47b7-9aa6-617a430b7e17");
        String response = HttpClientUtil.doPost(postUrl,requestJson);
        if(response.contains("\"status\":\"success\"")){
            System.out.println(" 测试通过 ");
        }else {
            System.err.println(" 测试失败 ");
        }
    }
}
```

3.3　RPC 协议的接口测试

3.3.1　RPC 接口测试准备

针对 RPC 接口进行测试前，需要用到接口调用的客户端依赖包。这个依赖包可以是根据接口文档自行编写依赖部分代码，也可以使用 R&D 提供的依赖包。在导入

R&D 提供的依赖包时，可以使用 Maven，在 pom.xml 中配置完成即可使用现成的依赖了。同时，还需要去配置接口远程服务端的 Provider 及 Consumer。将以上两个部分准备好后，即可开始编写 RPC 接口测试脚本了。

3.3.2 RPC 接口测试脚本

按以下步骤编写 RPC 接口的测试脚本。

（1）通过 Maven 导入 R&D 提供的依赖包，配置接口依赖，如代码清单 3-16 所示。

代码清单 3-16 导入和配置依赖

```xml
<dependencies>
    <dependency>
        <groupId>com.jd.demo</groupId>
        <artifactId>rpc-demo-client</artifactId>
        <version>1.0-SNAPSHOT</version>
    </dependency>
</dependencies>
```

（2）使用 Spring 方式配置 Consumer，如代码清单 3-17 所示。

代码清单 3-17 配置 Consumer

```xml
<rpc:consumer
    id="helloService"
    interface="com.jd.rpc.demo.HelloService"
    alias="RPC_ALIAS"
    check="false"
    timeout="500000"/>
```

（3）编写测试用例，如代码清单 3-18 所示。

代码清单 3-18 编写 RPC 接口测试用例

```java
public class TestHelloService{
    // 读取 RPC 接口 Consumer 配置
    ClassPathXmlApplicationContext appContext = new
        ClassPathXmlApplicationContext("/consumer.xml");

    // 创建接口实例
    HelloService service = (HelloService) appContext.getBean("helloService");

    public static void main(String[] args){
```

```
        String request = "peter";
        try {
            String response = service.hello(request);
            if(response.equals("Hello, peter！")){// 判断当前返回值是否为预期值
                System.out.println(" 测试成功 ");
            }else{
                System.err.println(" 测试失败 ");
            }
        } catch (Exception e){
            System.err.println(" 测试失败 - 调用接口异常 " + e.getMessage());
        }
    }
}
```

这样就完成了一个 RPC 接口测试用例脚本的编写。从脚本的编写过程中可以看出，RPC 接口的测试脚本与 HTTP 接口的测试脚本在编写方式上是完全不同的。在 RPC 接口测试脚本中需要导入 JAR 包和配置 Consumer，接口调用方式与 Java 本地方法的调用方式是完全一样的。

3.4 接口测试脚本附加技能

3.4.1 日志工具 Log4j

一般脚本开发中最常用到的日志工具是 Log4j。它是 Apache 的一个开源项目。通过使用 Log4j，可以控制日志信息输送的目的地是控制台、文件、GUI 组件，甚至是套接口服务器、NT 的事件记录器、UNIX Syslog 守护进程等。也可以控制每一条日志的输出格式。通过定义每一条日志信息的级别，能够更加细致地控制日志的生成过程。最令人感兴趣的就是，这些可以通过一个配置文件来灵活地进行配置，而不需要修改应用的代码。

下面介绍如何使用 Log4j 方便地输出需要的日志。

（1）通过 Maven 引入 Log4j，如代码清单 3-19 所示。

代码清单 3-19 Log4j 的 Maven 依赖配置

```
<dependency>
    <groupId>log4j</groupId>
    <artifactId>log4j</artifactId>
```

```
    <version>1.2.17</version>
</dependency>
```

（2）在 CLASSPATH 下建立 log4j.properties，其内容如代码清单 3-20 所示。

代码清单 3-20　Log4j 的配置示例

```
log4j.rootCategory=INFO, stdout , R

log4j.appender.stdout=org.apache.log4j.ConsoleAppender
log4j.appender.stdout.layout=org.apache.log4j.PatternLayout
log4j.appender.stdout.layout.ConversionPattern=[QC] %p [%t] %C.%M(%L) | %m%n

log4j.appender.R=org.apache.log4j.DailyRollingFileAppender
log4j.appender.R.File=D:\\Tomcat 5.5\\logs\\qc.log
log4j.appender.R.layout=org.apache.log4j.PatternLayout
log4j.appender.R.layout.ConversionPattern=%d-[TS] %p %t %c - %m%n

log4j.logger.com.neusoft=DEBUG
log4j.logger.com.opensymphony.oscache=ERROR
log4j.logger.net.sf.navigator=ERROR
log4j.logger.org.apache.commons=ERROR
log4j.logger.org.apache.struts=WARN
log4j.logger.org.displaytag=ERROR
log4j.logger.org.springframework=DEBUG
log4j.logger.com.ibatis.db=WARN
log4j.logger.org.apache.velocity=FATAL

log4j.logger.com.canoo.webtest=WARN

log4j.logger.org.hibernate.ps.PreparedStatementCache=WARN
log4j.logger.org.hibernate=DEBUG
log4j.logger.org.logicalcobwebs=WARN
```

配置文件中的 rootCategory 确定了日志的输出级别，layout.ConversionPattern 定义了日志的输出格式，appender.R.File 定义了日志的输出路径，其他属性就不过多介绍了。在使用中，可以按照自己的实际情况进行配置。

（3）在类中使用 Log4j 的 API 进行日志的输出，如代码清单 3-21 所示。

代码清单 3-21　Log4j 的使用方法

```
static Logger logger = Logger.getLogger([ 类名 ].class);
logger.info(" 这是一个日志 ");
```

在使用前，需要定义 Log4j 的属性。在 getLogger 中写入当前类的 class，这样 Log4j 在输出日志时，会将日志输出的路径及代码所在行数输出。下面在之前提到的接口测试脚本例子中加入 Log4j 的应用，如代码清单 3-22 所示。

代码清单 3-22　Log4j 的实际应用

```java
public class TestHelloService{
        private static Logger log = Logger.getLogger(TestHelloService.class);
        // 定义日志

        // 读取 RPC 接口 Consumer 配置
    ClassPathXmlApplicationContext appContext = new
        ClassPathXmlApplicationContext("/consumer.xml");

        // 创建接口实例
        HelloService service = (HelloService) appContext.getBean("helloService");

        public static void main(String[] args){
            String request = "peter";
            try {
                String response = service.hello(request);
                if(response.equals("Hello, peter！")){// 判断当前返回值是否为预期值
                    log.info(" 测试成功 ");
                }else{
                    log.info(" 测试失败 ");
                }
            } catch (Exception e){
                log.err(" 测试失败 - 调用接口异常 " + e.getMessage());
            }
        }
}
```

在上述代码中，当接口测试脚本的检查点验证通过或者失败时，检测的具体结果就会输出到指定的日志文件中去。当接口测试脚本抛出异常时，Log4j 会将日志输出到对应的错误日志文件中。

3.4.2　代码版本控制工具 Git

当接口测试脚本编写后完成，如何管理代码呢？下面介绍一个版本控制工具——Git。Git 是一个开源的分布式版本控制系统，可以有效、高速地处理从很小到非常

大的项目版本管理。使用 Git 来管理代码，需要在服务器上搭建一个自己的 Git，同时自己的机器上也要安装 Git 的客户端。在 Git 仓库下载或上传代码可以使用命令行的方式，也可以使用工具或者 IDEA 自带的 Git 插件。推荐使用 SourceTree 工具。有关 IDEA 插件的具体使用方法这里就不过多介绍了。下面简单说明一下 Git 中常用到的命令及其概念。

Git 中存在 4 个工作区域，分别是工作目录、暂存区、仓库区（或本地仓库）、远程仓库，如图 3-7 所示。

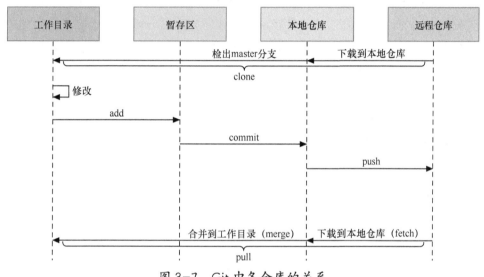

图 3-7　Git 中各仓库的关系

通常第一次从 Git 仓库下载新的代码需要使用 clone 命令，它可以将远程仓库的内容下载到本机。使用方法是：git clone [options] [--] <repo> [<dir>]。

最简单直接的命令是：git clone xxx.git。

要下载到指定目录，可使用 git clone xxx.git " 指定目录 "。

当有新的代码需要添加到 Git 仓库中时，可以使用 add 命令。add 命令会将新代码添加到暂存区中。

要添加指定目录到暂存区中，可使用 git add [dir]。

要添加当前目录中的所有文件到暂存区中，可使用 git add。

代码编辑、开发完成后，当需要提交时，可以使用 commit 命令。在提交代码时，一般需要编写并提交备注信息。此时 commit 命令需要加上 -m。

要提交暂存区所有未提交的文件到本地仓库中去并添加备注信息，可使用 git commit -m [备注信息]。

要提交暂存区指定文件到仓库中去并添加备注信息，可使用 git commit [文件 1] [文件 2] … -m [备注信息]。

在 Git 版本管理中有分支的概念，使用分支意味着可以把工作从开发主线上分离开来，以免影响开发主线。有人把 Git 的分支模型称为"必杀技特性"，也正因为这一特性，Git 才得以从众多版本控制系统中脱颖而出。为何 Git 的分支模型如此出众呢？ Git 处理分支的方式非常轻量。创建新分支这一操作几乎能在瞬间完成，并且在不同分支之间的切换操作也非常便捷。与许多其他版本控制系统不同，Git 鼓励在工作流程中频繁地使用分支与合并，哪怕一天之内进行许多次。切换控制分支的命令如下。

（1）列出所有本地分支：git branch。

（2）列出所有远程分支：git branch –r。

（3）新建分支：git branch [分支名称]。

（4）切换分支：git checkout [分支名称]。

（5）合并分支：git merge [分支名称]。

本地仓库与远程仓库的同步相关命令如下。

（1）下载远程仓库的所有变动：git fetch [remote]。

（2）取回远程仓库的所有变化并与本地分支合并：git pull [remote] [branch]。

（3）上传本地分支到远程仓库中：git push [remote] [branch]。

其实 Git 的功能非常强大，限于篇幅。还有很多的功能命令没有列出，读者可以自行到网上查询相关 Git 资料。

3.5　TestNG 驱动的接口测试脚本

以上介绍了 HTTP 接口与 RPC 接口基于 Java 的测试脚本的编写，我们使用了 Java 的 main 方法来执行测试用例。这样的脚本执行方式并不适用于测试用例的自动化执行，通常在自动化脚本中应用较多的是 JUnit 与 TestNG 两个测试框架。TestNG

在参数化测试、依赖测试及套件测试方面的功能更优秀。另外，TestNG 涵盖了 JUnit4 的大多数功能。下面介绍如何使用 TestNG 来编写运行测试脚本。

3.5.1　TestNG 简介

TestNG 是一个开源的自动化测试框架。其灵感来自于 JUnit 和 NUnit，但是其引入了一些新的功能，使其功能更强大，使用更方便。

要编写并运行一个测试用例，有以下 3 个典型步骤。

（1）编写测试的业务逻辑并在代码中添加 TestNG 的 annotation。

（2）创建 testng.xml 并将测试信息添加到 testng.xml 中。

（3）运行 TestNG 用例。

常用的 annotation 如表 3-6 所示。

表 3-6　常用 annotation

annotation 关键字	描述
@Test	标记一个类或方法，作为测试的一部分
@BeforeSuite	被注释的方法将在所有测试运行前运行
@AfterSuite	被注释的方法将在所有测试运行后运行
@BeforeTest	被注释的方法将在测试运行前运行
@AfterTest	被注释的方法将在测试运行后运行
@BeforeGroups	被配置的方法将在列表中的 gourp 前运行。这个方法保证在第一个属于这些组的测试方法调用前立即执行
@AfterGroups	被配置的方法将在列表中的 gourp 后运行。这个方法保证在最后一个属于这些组的测试方法调用后立即执行
@BeforeClass	被注释的方法将在当前类的第一个测试方法调用前运行
@AfterClass	被注释的方法将在当前类的所有测试方法调用后运行
@BeforeMethod	被注释的方法将在每一个测试方法调用前运行
@AfterMethod	被注释的方法将在每一个测试方法调用后运行
@DataProvider	标记一个方法用于为测试方法提供数据。被注释的方法必须返回 Object[][]，其中每个 Object[] 可以指派为这个测试方法的参数列表

annotation 包含多个可以编辑的属性值，对不同场景的测试有相应的辅助功能，如表 3-7 所示。

表 3-7　annotation 常见属性

属性关键字	描述
alwaysRun	当设置为 true 时，这个测试方法总是运行的，甚至当其依赖的方法失败时，也运行
dataProvider	测试方法的 DataProvider 的名称
dataProviderClass	测试方法的 DataProvider 支持类
dependsOnGroups	当前方法依赖的组列表
dependsOnMethods	当前方法依赖的方法列表
description	当前方法的描述
enabled	当前类的方法 / 方法是否激活
expectedExceptions	测试方法期望抛出的异常列表。如果没有异常或者抛出的不是列表中的任何一个，当前方法都将标记为失败
Groups	当前类 / 方法所属的组列表
invocationCount	当前方法被调用的次数
successPercentage	当前方法期望的成功率
sequential	如果设置为 true，则当前测试类的所有方法保证按照顺序运行。甚至在 parallel="true" 的情况下，这个属性只能用于类级别，如果用于方法级别则将被忽略
timeOut	当前方法容许花费的最大时间，单位为 ms
threadPoolSize	当前方法的线程池大小。方法将被多线程调用，次数由 invocationCount 参数指定

为了方便判断测试用例是否执行成功，TestNG 特地提供了一个断言类，里面包含了多种形式的断言方法。常用断言方法如表 3-8 所示。

表 3-8　常用断言方法

断言方法	描述
assertTrue	判断是否为 true
assertFalse	判断是否为 false
assertSame	判断引用地址是否相同
assertNotSame	判断应用地址是否不相同
assertNull	判断是否为 null
assertNotNull	判断是否不为 null

续表

断言方法	描述
assertEquals	判断是否相等,Object 类型的对象需要实现 hashCode 及 equals 方法
assertNotEquals	判断是否不相等
assertEqualsNoOrder	判断忽略顺序是否相等

TestNG 的配置文件 testng.xml 的编写方法如代码清单 3-23 所示。

代码清单 3-23　testng.xml 文件

```
<!DOCTYPE suite SYSTEM "http://testng.org/testng-1.0.dtd">

<suite name="Suite1" verbose="1">
    <test name="Nopackage" >
        <classes>
            <class name="NoPackageTest"/>
        </classes>
    </test>
    <test name="Regression1">
        <classes>
            <class name="test.sample.ParameterSample"/>
            <class name="test.sample.ParameterTest"/>
        </classes>
    </test>
</suite>
```

suite 节点代表一个测试集,test 节点代表一个测试场景,class 节点代表一个测试用例,class 的值为测试用例类的全路径。

从 TestNG 用到的 annotation 列表中,我们可以看到 TestNG 提供的一些特性。

(1) before 方法和 after 方法:提供足够丰富的测试生命周期控制机制。

(2) dependsOnGroups、dependsOnMethods:提供了依赖检查机制,并可以严格控制执行顺序。

(3) DataProvider:使对同一个方法的测试覆盖变得非常轻松,非常适合进行边界测试,只要给出多种测试数据就可以针对一个测试方法进行覆盖。

(4) expectedExceptions:使异常测试变得非常轻松。

(5) invocationCount、threadPoolSize:提供了简单的多线程测试。

(6) timeOut:手工强行关闭测试。

3.5.2　TestNG 的 DataProvider

在进行一些复杂接口的入参数据准备时，可以使用 TestNG 的 @DataProvider 来管理数据，进行数据驱动测试。使用 @DataProvider 可以针对复杂的接口入参进行接口测试数据的管理工作，所有的工作都在测试类中完成。具体的过程分为两个步骤。第（1）步是定义数据源，第（2）步是在测试方法中引用数据源。

（1）在测试类中定义数据源。在测试类中定义数据源就是提供一个生成数据源的方法，该方法通过 @DataProvider 声明一个唯一的名称。另外，生成数据源的方法必须返回 Object[][] 类型（或者 Iterator<Object[]>），即复杂对象的数组，如代码清单 3-24 所示。

代码清单 3-24　返回 Object[][] 类型

```
@DataProvider(name = "testData")
public Object[][] interfaceData() {
    return new Object[][] {
        { "userpin", "testData" },
        { "orderId", new Integer (45454654656) }
    };
}
```

该数据源的名称为 testData，可供测试方法直接引用。该数据源中的复杂对象包含两个属性。第一个属性是字符串类型，第二个属性是整型。那么在引用该数据源的测试方法中，就应该有两个对应类型的参数。注意，如果引用数据源的测试方法是在另一个测试类中定义的，为了保证数据源的就绪，生成数据源的方法必须定义为 static 的，如代码清单 3-25 所示。

代码清单 3-25　定义静态的方法

```
@DataProvider(name = " dataProvider ")
public static Object[][] orderIdData() {
    return new Object[][] {
        new Object[] { new Integer(79845465464) }
    };
}
```

（2）在测试方法中引用数据源。在数据源的名称中配置数据源名称即可，如代码清单 3-26 所示。

代码清单 3-26　配置数据源名称

```
@Test(dataProvider = " testData ")
public void verifyData1(String n1, Integer n2) {
    System.out.println(n1 + " " + n2);
}
```

如果被引用的数据源在另外一个测试列中定义，则还需要指定其所在的测试类，如代码清单 3-27 所示。

代码清单 3-27　指定测试类

```
@Test(dataProvider = " dataProvider ", dataProviderClass = DataProvider.class)
public void getOrderInfo(Integer n) {
    // ...TODO 测试脚本实现部分
}
```

这样通过 TestNG 的数据驱动就编写完成了。除了可以将准备好的测试数据写入 DataProvider 类中之外，也可以将其存储在外部文件或者数据库中。对应的数据源方法需要进行相应的处理以返回 Object[][]。

3.5.3　TestNG 运行方式

使用 @Test 的 annotation 标记的测试用例方法可以直接像运行 main 方法一样运行，从右键弹出的快捷菜单中选择 Run 命令就可以了。除此之外，还可以通过编写好的 testng.xml 文件及 ant、maven、命令行等多种形式运行 TestNG 测试脚本。

3.5.4　使用 TestNG 驱动的测试脚本

将之前编写好的接口测试用例脚本更换为使用 TestNG 驱动的方式来编写，如代码清单 3-28 所示。

代码清单 3-28　TestNG 驱动的方式

```
public class TestByTestNG {

    @Test
    public void testGet() {
        String getUrl = "http://www.jd.com";
```

```java
        String response = HttpClientUtil.doGet(getUrl);
        if (response.contains("<title>京东 (JD.COM) - 正品低价、品质保障、配送及时、
            轻松购物！</title>")) {
            System.out.println(" 测试通过 ");
        } else {
            System.err.println(" 测试失败 ");
        }
    }

    @Test
    public void testPost() throws IOException {
        String postUrl = "http://192.168.202.79:13000/query/status";
        JSONObject requestJson = new JSONObject();
        requestJson.put("uuid","863e8da7-6e98-47b7-9aa6-617a430b7e17");
        String response = HttpClientUtil.doPost(postUrl,requestJson);
        if(response.contains("\"status\":\"success\"")){
            System.out.println(" 测试通过 ");
        }else {
            System.err.println(" 测试失败 ");
        }
    }

    ApplicationContext ac = new FileSystemXmlApplicationContext("rpc-
    consumer.xml");
    HelloService helloService = (HelloService)ac.getBean("userService");

    @Test
    public void testHello(){
        String request = "peter";
        try {
            String response = helloService.hello(request);
            if(response.equals("Hello, peter!")){
                System.out.println(" 测试成功 ");
            }else{
                System.err.println(" 测试失败 ");
            }
        } catch (Exception e){
            System.err.println(" 测试失败 - 调用接口异常 " + e.getMessage());
        }
    }
}
```

testing.xml 的配置如代码清单 3-29 所示。

代码清单 3-29　testing.xml 的配置

```xml
<?xml version="1.0" encoding="UTF-8"?>
<!DOCTYPE suite SYSTEM "http://testng.org/testng-1.0.dtd" >

<suite name="api test demo">
    <test name="testng test">
        <classes>
            <class name="com.jd.httpdemo.TestByTestNG"/>
        </classes>
    </test>
</suite>
```

3.5.5　使用 ReportNG 导出测试报告

接口测试脚本运行后，只输出了需要的日志。在测试完成后，由于还需要统计一些数据，因此也要发送测试报告。虽然 TestNG 提供了一个测试报告的导出功能，但是其功能、美观性、易读性较差，所以推荐使用 ReprotNG 代替 TestNG 导出测试报告。

通过 Maven 下载 ReportNG 的依赖，如代码清单 3-30 所示。

代码清单 3-30　下载 ReportNG 的依赖

```xml
<dependency>
    <groupId>org.uncommons</groupId>
    <artifactId>reportng</artifactId>
    <version>1.1.4</version>
</dependency>
```

如果通过 testng.xml 的形式来运行接口测试用例，则需要在 XML 中配置一个监听器，如代码清单 3-31 所示。

代码清单 3-31　配置监听器

```xml
<?xml version="1.0" encoding="UTF-8"?>

<suite name="test" parallel="true">
    <test name="test" preserver-order="true">
        <classes> // 也可以同时执行多个用例
            <class name=" 包名 .case 名字 "/>
            ......
```

```
            <class name=" 包名 .case 名字 "/>
        </classes>
    </test>
    <listeners> // 这是需要加的东西
        <listener class-name="org.uncommons.reportng.HTMLReporter" />
    </listeners>
</suite>
```

另外，Maven 与 TestNG 能够很好地整合，可以使用 maven-surefire-plugin 来执行 TestNG 的测试用例。通过此方式运行，需要在 pom.xml 中的 build 节点中加入下列配置（如代码清单 3-32 所示）。

代码清单 3-32　build 节点的配置

```
<project>
……
<build>
    <plugins>
        <plugin>
            <groupId>org.apache.maven.plugins</groupId>
            <artifactId>maven-surefire-plugin</artifactId>
            <version>2.19.1</version>
            <configuration>
                <argLine>-Dfile.encoding=UTF-8</argLine>
                <properties>
                    <property>
                        <name>usedefaultlisteners</name>
                        <value>false</value> <!-- disabling default listeners
                                is optional -->
                    </property>
                    <property>
                        <name>listener</name>
                        <value>
                            org.uncommons.reportng.HTMLReporter
                        </value>
                    </property>
                </properties>
            </configuration>
        </plugin>
    </plugins>
</build>
</project>
```

这样就可以通过 Maven 的 mvn -Dtest 命令来执行 Maven 项目中的测试用例了，这种方式常常与 CI 结合使用。这种使用 ReportNG 的原生方式只能简单地生成报告，如果想对报告进行相应的处理，如将报告上传至 FTP 服务器中，则可以编写代码清单 3-33 所示代码。

代码清单 3-33　将报告上传至 FTP 服务器中

```java
public class ReportListener extends HTMLReporter {

    /**
     * 在报告生成之后，上传到服务器
     *
     * @param xmlSuites        XMl
     * @param suites           场景
     * @param outputDirectory 输出路径
     */
    @Override
    public void generateReport(List<XmlSuite> xmlSuites, List<ISuite>
        suites, String outputDirectory) {
        super.generateReport(xmlSuites, suites, outputDirectory);

        ……// 上传测试报告相关业务代码
    }

    /**
     * 获取本地报告的相对路径值
     *
     * @param ftpProperties FTP 的配置
     * @return FTP 相对路径
     */
    private static String getReportPath(Properties ftpProperties) {
        ……
    }

    /**
     * 将 TestNG 的报告上传到服务器中
     *
     * @param ftpProperties FTP 配置
     * @param reportFolder  report 上传路径
     * @return 报告 URL
     */
```

```
        private static String uploadReportToFtp(final Properties ftpProperties,
          final String reportFolder) {
            ......
        }
    }
```

通过上面的类来继承 HTMLReporter，可以重写 generateReport 方法。然后，将监听器的类置换成自定义的类，即可实现报告上传等功能。

3.6 小结

本章介绍了接口测试脚本的基本编写方法，包括 HTTP 的 GET 方法、POST 方法及 RPC 类的接口测试脚本编写简例。围绕着接口测试脚本的运行方式，还介绍了 TestNG 的使用方法及其 annotation。通过对本章的学习，读者应该对接口测试自动化有了一个简单的了解，并可以独立地完成简单接口测试脚本的编写工作。

京东

第 4 章

剖析经典 UI 自动化测试框架

Web 系统的 UI 自动化发展得越来越快，以至于目前没有相关技术积累的团队都不好意思在技术圈子里发表评论。在软件系统的开发过程中，底层的代码和逻辑越早完成，软件会越早稳定。因此，最外层的 UI 应该是在 Web 系统中变化最频繁且最晚稳定下来的。虚拟质量团队在转型的过程中，也遇见很多类似问题。例如，开发完 UI 测试脚本后，UI 页面上的元素已经发生了变化，突然所有收到的测试报告都报错了，最后发现是因为 UI 层的一个元素找不到了。那么 UI 自动化如何适应这种最晚稳定的被测件呢？

4.1　hi_po（Python 2.7）开发环境的配置

4.1.1　Windows 系统上 hi_po（Python 2.7）开发环境的配置

首先，安装 Python 2.7。可到 Python 官网下载 Python 2.7 的最新安装包。本实例全部安装过程都是基于 Windows 7 64 位企业版配置的。其他 Windows 版本类似，如有问题，可自行查找解决。

下载完成后，双击安装包进行安装。安装过程一直单击"下一步"按钮即可。安装完成后，添加 Python 的环境变量，具体如图 4-1 所示（Python 2.7 安装到了 C 盘中）。

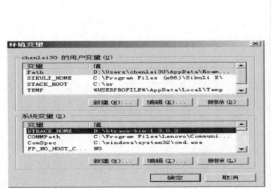
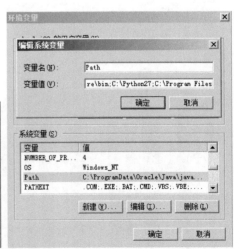

图 4-1　设置环境变量

然后单击"开始"按钮，运行后输入 cmd 按 Enter 键。在弹出的窗口中输入"python"后，若出现图 4-2 所示的内容，则说明 Python 配置已经完成。

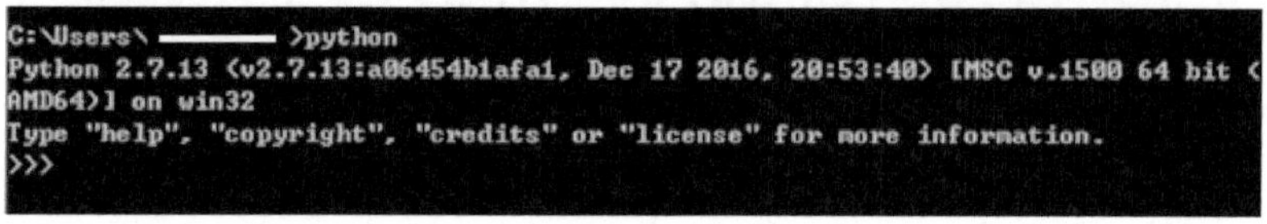

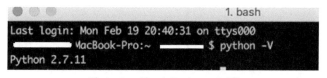

图 4-2　检测 Python 配置

在 Python 配置完成后，还需要安装 pip（pip 是 Python 的一个包管理工具）。下载本书提供的 Git 仓库地址中的 get-pip.py。然后进入 cmd，运行 python get-pip.py 后，等自动下载安装。

应用 pip 安装 WebDriver（Selenium 2），在 cmd 命令行中输入代码清单 4-1 所示命令后，按 Enter 键。

代码清单 4-1　安装 Selenium

```
pip install -U selenium
```

至此，hi_po 环境部署完成了。

4.1.2　Mac 系统上 hi_po（Python 2.7）开发环境的配置

和 Windows 安装类似，首先到 Python 官网下载 Python 2.7 的 Mac OS 版本的最新安装包。本实例全部安装过程都基于 MacOS Hight Sierra 10.13.3，其他版本几乎没有差异，均可以按照本节完成。

下载完成后，单击安装包进行安装。安装过程中一直单击"下一步"按钮即可。安装完成后，在终端输入"python -V"就会出现对应的版本信息了（见图 4-3）。

```
1. bash
Last login: Mon Feb 19 20:40:31 on ttys000
          MacBook-Pro:~       $ python -V
Python 2.7.11
```

图 4-3　检测 Python 配置

为了安装 pip 包装管理工具，打开终端，输入"sudo easy_install pip"后等待安装完成。然后输入"pip install selenium"，等待其下载与安装完成后，就完成了 hi_po

的基础环境配置。

4.1.3　CentOS 上 hi_po（Python 2.7）开发环境的配置

首先进入 CentOS，新建一个目录存储 Python 的源码文件。实例存储在 /home/python 下，本实例全部安装过程都基于 CentOS 6.4，其他版本类似，这里不再介绍。代码清单 4-2 中的两条命令分别用于新建 /home/python 的目录，并赋予 /home/python 的读写权限。

代码清单 4-2　新建目录并赋予读写权限

```
1  mkdir /home/python
2  chmod 777 /home/python
```

进入 /home/python 目录，下载 Python 的源码包，等待下载完成。命令如代码清单 4-3 所示。

代码清单 4-3　下载 Python 的源码包

```
1  cd /home/python
2  wget https://www.python.org/ftp/python/2.7.13/Python-2.7.13.tar.xz
```

解压（如代码清单 4-4 所示）源码包后进入 Python 源码目录。

代码清单 4-4　解压

```
1  xd -d Python-2.7.13.tar.xz
2  tar -xvf Python-2.7.13.tar.xz
3  cd Python-2.7.13
```

编译并安装 Python 2.7，如代码清单 4-5 所示。

代码清单 4-5　编译 Python 的源码包并安装

```
1  ./configure
2  make &make install
```

建立软连接（如代码清单 4-6 所示），这样系统默认的 Python 版本就变成 Python 2.7 版本了。

代码清单 4-6　建立软连接

```
1  mv /usr/bin/python /usr/bin/python2.6.6
2  ln -s /usr/local/bin/Python 2.7 /usr/bin/python
```

通过"python -V"命令查看版本信息,如图 4-4 所示。

在完成上述一系列操作后,会发现 yum 不能用了。这是因为 yum 不兼容 Python 2.7,按照代码清单 4-7 修复 yum,使其继续应用 Python 2.6。

图 4-4 检测 Python 配置

代码清单 4-7 修复 yum

```
#vim /usr/bin/yum
```

接下来,将 yum 文件的头部 #!/usr/bin/python 修改成 #!/usr/bin/python2.6.6,即可解决问题。本章全部代码都是基于 Python 2.7 运行的,所以在学习本章之前,读者需自行配置好本地的 Python 2.7 环境及 WebDriver 环境。

4.2 PageObject 模式

PageObject 模式即页面对象设计模式(Page Object Design Pattern,PO 模式),是一种在 UI 自动化测试中非常流行的设计模式。它用于增强测试脚本的可维护性,减少重复代码的撰写。PageObject 模式的主要思想是,将页面视为面向对象的类。在撰写 UI 测试脚本的时候,一个测试业务逻辑脚本只需要和对应的 PageObject 类产生交互,而不需要实际关心页面上的元素信息。这样做最大的好处就是如果 UI 发生变化,则测试业务逻辑脚本不需要修改,只需要在 PageObject 类中进行更改即可。PageObject 模式相当于在被测页面和测试业务逻辑脚本中间加上了一个"防腐层",使得对测试代码的修改只在一个 PageObject 类中进行,并不需要修改全部对应的业务逻辑测试脚本。

PageObject 模式的先进性体现在以下几个方面。

• 复用性:业务逻辑测试脚本和页面特征代码之间有了清楚的分割。页面特征代码是指页面定位器等和页面强依赖的测试脚本代码。这样任何涉及同一页面的业务逻辑测试脚本,都会通过同一个页面 PageObject 类来操作页面,有很高的复用性。

• 可维护性:页面提供的服务或者操作都由统一特征代码类提供,有助于在业务测试脚本中进行维护。

• 可读性:通过测试脚本的分层处理,可以更好地将业务逻辑表现在测试脚本代码中，测试脚本只有业务逻辑，而不与其他页面内容交互，有很高的可读性。

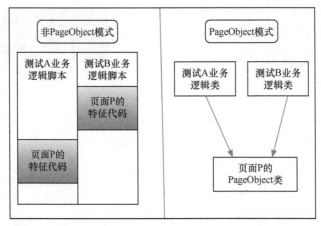

图 4-5　非 PageObject 模式和 PageObject 模式的对比

如图 4-5 所示，非 PageObject 模式测试脚本有大量冗余代码，难以维护，难以阅读，无法复用。而 PageObject 模式测试脚本具有较高的复用性和可读性，也更易于维护。PageObject 模式是一种分离业务流程和页面元素的设计模式，使页面对象和测试用例完全分开，页面的 PageObject 类承载了页面元素定位和元素操作，业务逻辑测试脚本执行测试用例流程，完成测试。这也使 PageObject 类成为页面和测试用例之间的"防腐层"，保证了测试用例"不被污染"。

4.3　抽象工厂模式

PageObject 模式的 UI 测试框架，绝大部分通过抽象工厂模式设计 PageObject 类。抽象工厂模式提供一个创建一系列相关或相互依赖对象的接口，而无须指定它们具体的类。抽象工厂模式又称为 Kit 模式，属于对象创建型模式。

在工厂方法模式中，工厂方法是具有唯一性的。在很多情况下，一个具体的工厂是有一个工厂方法或者一组经过重载的工厂方法，但是工厂只能提供一个单一的产品对象，因此才提出了抽象工程模式。抽象工厂模式面对多个产品等级结构（产品等级结构即产品的继承结构，如果一个抽象类是书，其子类有计算机图书、绘本、小说，则抽象图书与具体品类的图书之间构成了一个产品等级结构，抽象图书是父类，而具体品类的图书是其子类）。一个工厂等级结构可以负责多个不同产品等级结构中产品对象的创建。当一个工厂等级结构可以创建出分属于不同产品等级结构的一个产品族中的所有对象时,抽象工厂模式比工厂方法模式更为简单、更有效率。因此,从某种程度上说,抽象工厂模式就是简单的工厂模式。在 Python 中使用依赖、继承产生新的对象。下面以打印纸为例,建立一个打印纸的工厂类。其抽象工厂类实例类图如图 4-6 所示。

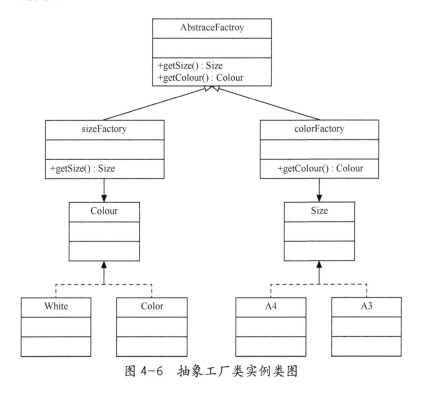

图 4-6　抽象工厂类实例类图

实现抽象工厂类的代码如代码清单 4-8 所示。

代码清单 4-8　抽象工厂类

```
1  #!/usr/bin/env python
2  # -*- coding: utf-8 -*-
3  #__from__   = ' abstract_factory '
4  #__author__ = ' jdxntest '
5  #__instruction__ = '抽象工厂模式,打印纸例子'
6  class AbstraceFactroy (object) :
7    def getSize (self) :
8       return  Size()
```

```
 9     def getColor (self):
10        return  Colour()
11 class Size (AbstraceFactroy) :
12     @ staticmethod
13     def sizeFactory (type):
14        if type == ' A4 ' :
15            return A4()
16        if type == ' A3 ' :
17            return A3()
18 class A4 (Size) :
19     def __init__ (self) :
20        print ' A4 \'s size : 210 mm × 297 mm '
21 class A3 (Size) :
22     def __init__ (self) :
23        print  ' A3 \'s size :  297 mm×420 mm'
24 class Colour (AbstraceFactroy) :
25     @ staticmethod
26     def colorFactory (type) :
27        if type == 'White' :
28            return White()
29        if type == ' Color ' :
30            return  Color()
31 class White (Colour) :
32     def __init__ (self) :
33         print  ' This  is a white paper'
34 class Color (Colour) :
35     def __init__ (self) :
36        print ' This is a color paper '
37 if __name__ == ' __main__ ' :
38     abstractFactory = AbstraceFactroy ()
39     types = Size.__subclasses__ ()
40     for type in types :
41         size = abstractFactory.getSize().sizeFactory(type.__name__)
42     types = Colour.__subclasses__()
43     for type in types:
44         colour = abstractFactory.getColor().colorFactory(type.__name__)
```

4.4 PageObject 模式的 UI 测试框架

如果在 GitHub 网站中搜索，则会发现 PageObject 模式的 UI 自动化测试框架几乎数不过来。然而，本书不讲解网上的一个例子，本书中 PageObject 模式的 UI 自动化框架是从一个开源项目 page-objects 开始的，在完成后也会将其放到 GitHub 网站上。

4.2 节定义了 PageObject 模式。PageObject 模式是一个 Page，是一个 Object，包含了里面的元素及对应的操作。因此，在 page-objects 项目上，除了对它进行了一定的弥补之外，还在基础类库中添加了元素的操作函数，命名为 hi_po。其目录结构如图 4-7 所示。

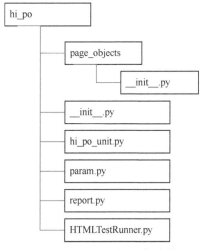

图 4-7　hi_po 的目录结构

4.4.1　hi_po 中对 page-objects 的改造

hi_po 是基于 Python 2.7 开发和使用的 WebDriver 测试框架，其中引入了 HTMLTest-Runer（产生测试报告生产）和 Excel（进行数据驱动）。首先，对应用到的 page-objects 开源项目的代码进行分析。打开 page-objects，发现这个项目的关键代码全部都在 __init__.py 里面。查找页面元素的方法枚举如代码清单 4-9 所示。

代码清单 4-9　查找页面元素的方法枚举

```
1 _LOCATOR_MAP  =  { 'css' : By.CSS_SELECTOR ,
2                 ' id_ ' : By.ID ,
3                 ' name ' : By.NAME ,
4                 ' xpath ' : By.XPATH,
5                 ' link_text ' : By.LINK_TEXT ,
```

```
6              ' partial_link_text ' : By.PARTIAL_LINK_TEXT ,
7              ' tag_name ' : By.TAG_NAME ,
8              ' class_name ' :  By.CLASS_NAME ,
9              }
```

在 page-objects 最开始，展示了查找页面元素的方法的枚举，这样方便以后在任何一个页面使用 po 类。page-objects 还定义了一个 PageObject 类，并在 PageObject 类中调用 WebDriver（见代码清单 4-10）。

代码清单 4-10　在 PageObject 类中调用 WebDriver

```
1   class PageObject (object) :
2       """Page Object 模式 .
3       :参数 webdriver : `selenium.webdriver.WebDriver`, Selenium webdriver 的实例
4       :参数 root_uri:  字符串 root_uri 是所有访问的基础 URI, 在调用 PageObject.get
5       方法后，都会拼接 root_uri。在调用中如果没有显示给 root_uri 赋值，那么将会在传
        入的 WebDriver 实例中进行查找
6       """
7       def __init__(self, webdriver, root_uri = None):
8           self.w = webdriver
9           self.root_uri = root_uri
            if root_uri else getattr( self.w , ' root_uri ', None)
10      def get(self, uri):
11          """
12          :param uri:  所有 get 请求的父 URI
13          """
14          root_uri = self.root_uri  or  ''
15          self.w.get(root_uri + uri)
```

PageElement 类和 MultiPageElement 类用于处理页面的元素。PageElement 类返回一个元素，MultiPageElement 类返回一组具有相同 locator 的元素。PageElement 通过 locator 定位后，返回一个 WebElement 类型的实例。通过该实例就可以直接调用全部 WebDriver 的 WebElements 的 api 对页面的元素进行操作了。

但 page-objects 并没有对一些常用的 WebDriver 实例的操作进行封装，并且没有对一些类似下拉框、单选钮等一组互斥元素或者相关元素进行处理和封装。针对上面的问题，下面进入 hi_po 的设计。

定义 GroupPageElement（见代码清单 4-11）用于获取一组相关的页面元素，如一个下拉框、一组单选钮等。该类放到了 page_objects 的 __init__.py 文件中，当前

GroupPageElement 仅支持 XPath 的查找。

代码清单 4-11　GroupPageElement

```
1   class GroupPageElement (MultiPageElement) :
2     def find(self , context) :
3       try:
4         dicGroup = {}
5         for aElement in context.find_elements(*self.locator) :
6           dicGroup[aElement.text] = aElement
7         return dicGroup
8       except NoSuchElementException :
9         return {}
10    def __set__(self, instance, value) :
11      if self.has_context :
12        raise ValueError(" Sorry, the set descriptor doesn't support
                elements with context . ")
13      elems = self.__get__( instance, instance.__class__ )
14      if not elems :
15        raise ValueError(" Can't set value, no elements found ")
16      [elem.send_keys(value) for elem in elems]
```

通过 GropPageElement 类，可以查找并定位一组页面元素。例如，在页面上有一个下拉框，页面代码如代码清单 4-12 所示。

代码清单 4-12　GropPageElement 类的使用

```
1   <select id="success" name="success" class="form-control search-select"
        width="180px">
2     <option> 成功 </option>
3     <option> 失败 </option>
4   </select>
```

执行语句 selectSucess = GroupPageElement(xpath ='//*[@id="success"]/option') 查找这一组页面元素，就可以定位任意一个下拉框中的内容。如果选择“成功”，那么 selectSucess.[u' 成功 '].click() 就完成了单击。流程测试脚本清晰。

另外，PageObject 类加入了 3 个成员函数（见代码清单 4-13）。getTitle() 用于获取当前页面的 title，方便在测试过程进行页面跳转的检测；swithTo() 整合了在 iframe 或者 window 之间的跳转；acceptAlert() 用于接受一些警告。

代码清单 4-13　PageObject 中加入的 3 个成员变量

```
1  def getTitle(self) :
2      '''
3      :返回 : 返回当前页的 title
4      '''
5      return self.driver.title
6  def switchTo(self , loc) :
7      '''
8      :参数  loc:需要 switch 的 frame 或者 window 的 id、xpath 等 locator
9      '''
10     try:
11         self.driver.switch_to.frame(loc)
12     except:
13         try:
14             self.driver.switch_to.windows(loc)
15         except:
16             print  ' Error: no can switch to element '
17 def acceptAlert(self):
18     '''
19     接受 alert
20     '''
21     self.driver.switch_to.alert().accept()
```

4.4.2　基于 unittest 的 HiPOUnit

　　unittest 是 Python 自带的单元测试框架。作为标准 Python 中的一个模块，它是其他很多类似框架和工具的基础。unittest 类似于 Java 的 JUnit，支持自动化测试，共享地启动、关闭测试脚本。unittest 独立于测试报告框架，提供了 test suite 模式。unittest 有 4 个重要的概念，分别是测试固件（Test Fixture）、测试用例（Test Case）、测试套件（Test Suite）和测试执行器（Test Runner）。

　　● 测试固件代表一个或者多个测试准备工作，以及任何相关的初始化工作，如建立一个临时数据源，建立一个数据库代理，建立一个临时目录，启动服务端服务等。

　　● 测试用例是一次测试中最小的单元，通过一次输入和一次输出完成测试。unittest 提供了一个父类 TestCase，提供创建测试用例的功能。

　　● 测试套件是测试用例或者测试套件的集合，主要用于将不同的测试用例或者测试套件聚合到一起并执行。

- 测试执行器是一个执行测试的组件，将测试结果统一输出给测试者。可以使用图形界面、文本接口或者返回一个特殊值来显示测试结果。

在 hi_po 的 hi_po_unit 中，设计了 unittest.TestCase 的子类 HiPOUnit，重写了 setUp() 和 tearDown() 方法以完成部分测试固件的工作，设计了 TestCaseWithClass 和 TestCaseWithFunc 两个静态方法，提供了按测试类和测试方法添加测试用例到测试套件的途径。具体如代码清单 4-14 所示。

代码清单 4-14　HiPOUnit 类

```
1   class HiPOUnit(unittest.TestCase) :
2     def __init__ (self , methodName='HiPORunTest', param=None) :
3        super(HiPOUnit , self).__init__(methodName)
4        self.param = param
5     def setUp(self) :
6        self.verificationErrors = []
7        self.accept_next_alert = True
8        # 启动 Chrome 浏览器，并且最大化
9        self.driver = webdriver.Chrome()
10    def tearDown(self):
11       # 关闭浏览器
12       self.driver.quit()
13       self.assertEqual([], self.verificationErrors)
14       @ staticmethod
15    def TestCaseWithClass (testcase_class , lines , param=None) :
16       '''
17       依据传入的测试类将其下面全部的测试方法加入测试套
18       :参数 testcase_class: 测试类的类名
19       :参数 param: 参数池是一个 dict 类型
20       :参数 lines: 参数行数 (参数文件有多少行参数)
21       :返回值: 无
22       '''
23       testloader = unittest.TestLoader()
24       testnames = testloader.getTestCaseNames(testcase_class)
25       suite = unittest.TestSuite()
26       i=0
27       while i < lines:
28          for name in testnames :
29             suite.addTest(testcase_class(name, param = param [ i ] ))
30          i = i+1
31       return suite
```

```
32  @staticmethod
33  def TestCaseWithFunc(testcase_class , testcase_fun , lines , param = None) :
34      '''
35      通过给定的类及其内部的测试方法将测试用例加入测试套件中
36      : 参数 testcase_class:  testcase 类名
37      : 参数 testcase_func: 要执行的以 test_ 开头的函数名
38      : 参数 lines: 参数行数（参数文件有多少行参数）
39      : 参数 param: 参数池是一个 dict 类型
40      :返回值:无
41      '''
42      suite = unittest.TestSuite()
43      i = 0
44      while i < lines :
45          suite.addTest(testcase_class (testcase_fun , param = param[i] ))
46          i = i + 1
47      return suite
```

从代码中可以看出，重写的 setup() 中已经引入了 WebDriver 的初始化。tearDown()
函数的重写释放掉了测试执行过程中占用的一些资源。

4.4.3 参数池的设计

在参数池类 Param 的设计中，采取了简单工程类的设计模式。简单工厂模式属
于创建型模式，又叫作静态工厂方法（Static Factory Method）模式，不属于 23 种
GOF 设计模式之一。简单工厂模式由一个工厂对象决定创建出哪一种产品类的实例。
简单工厂模式是工厂模式家族中最简单实用的模式，可以理解认为它不同工厂模式
的一个特殊实现。

在参数池的设计中，如代码清单 4-15 所示，首先设计了 Param 父类，其他类型
的参数文件通过实现对应的子类实现，当前使用了电子表格格式（.xls），由 XLS
类实现。

代码清单 4-15 Param 父类

```
1  class Param(object) :
2    def __init__(self , paramConf='{}') :
3        self.paramConf = json.loads(paramConf)
4    def paramRowsCount(self) :
5        pass
6    def paramColsCount(self) :
```

```
7        pass
8     def paramHeader(self) :
9        pass
10    def paramAllline(self) :
11       pass
12    def paramAlllineDict(self) :
13       pass
14 class XLS (Param) :
15    def paramRowsCount(self) :
16       ''' 实现 Param 类中的 paramRowsCount  '''
17       return self.paramsheet.nrows
18    def paramColsCount(self) :
19       ''' 实现 Param 类中的 paramColsCount   '''
20       return self.paramsheet.ncols
21    def paramHeader(self) :
22        ''' 实现 Param 类中的 paramHeader  '''
23       return self.getOneline(1)
24    def paramAlllineDict(self) :
25        ''' 实现 Param 类中的 paramAlllineDict '''
26       nCountRows = self.paramRowsCount()
27       nCountCols = self.paramColsCount()
28       ParamAllListDict = {}
29       iRowStep = 2
30       iColStep = 0
31       ParamHeader= self.paramHeader()
32       while iRowStep < nCountRows :
33           ParamOneLinelist = self.getOneline(iRowStep)
34           ParamOnelineDict = {}
35           while iColStep < nCountCols:
36         ParamOnelineDict[ParamHeader[iColStep]]=ParamOneLinelist[iColStep]
37              iColStep = iColStep+1
38           iColStep = 0
39           #print ParamOnelineDict
40           ParamAllListDict[iRowStep-2] = ParamOnelineDict
41           iRowStep = iRowStep + 1
42       return ParamAllListDict
43
44 def paramAllline(self):
45       ''' 实现 Param 类中的 paramAllline '''
46       nCountRows = self.getCountRows()
47       paramall = []
48       iRowStep = 2
```

```
49          while iRowStep < nCountRows:
50              paramall.append(self.getOneline (iRowStep))
51              iRowStep = iRowStep + 1
52          return paramall
```

在参数池中还设计了 ParamFactory 类（见代码清单 4-16），通过 MAP 的键 - 值形式，实现不同参数的调用。

代码清单 4-16　ParamFactory 类

```
1   class ParamFactory(object) :
2       def chooseParam (self,type,paramConf) :
3           map_ = {
4               'xls' : XLS(paramConf)
5           }
6           return map_[type]
```

这样，当添加一种新的参数类型的时候，仅仅需要实现对应类型的 Param 子类，然后维护 ParamFactory 中的 MAP，就可以通过简单工厂模式使用了，减少了很多代码的变动。

当使用 XLS 类解析 Excel 参数的时候，Excel 在默认格式上有以下约束。

（1）第 1 行是参数的实际汉语意思。

（2）第 2 行是参数的变量名。

（3）第 3 行的参数与后面几行的参数是实际测试过程中的参数。

（4）一行是一条测试用例。

参数文档参见图 4-8。

图 4-8　参数文档

4.4.4　报告模块

测试报告模块引入了 HTMLTestRunner。HTMLTestRunner 是 Python 标准库中 unittest 的扩展模块，能够快速、简单、方便地生成 HTML 格式的测试报告。

在 hi_po 中，对引入的 HTMLTestRunner 实现测试报告自动生成的功能，同时对其进行了一次封装。为了打造一个更加适合 hi_po 框架的需求，在调用 Report 类的时候，传入测试套件，就可以直接生成报告绝对地址、报告名称和报告详细描述了，如图 4-9 所示。

图 4-9 生成的报告

在引入测试报告后，如果出现中文乱码问题，那么需要在引用的 HTMLTestRunner
代码文件中设置编码方式，如代码清单 4-17 所示。

代码清单 4-17 设置编码方式

```
1   import sys
2   reload(sys)
3   sys.setdefaultencoding('utf-8')
```

打开 HTMLTestRunner.py 源文件，找到代码清单 4-18 所示内容。

代码清单 4-18 修改 HTMLTestRunner

```
1   # o and e should be byte string because they are collected from stdout and stderr?
2       if isinstance(o,str):
3           # TODO: some problem with 'string_escape': it escape \n and
               mess up formating
4           # uo = unicode(o.encode('string_escape'))
5           #uo = o.decode('latin-1')
6       else:
7           uo = o
8       if isinstance(e,str):
9           # TODO: some problem with 'string_escape': it escape \n and
               mess up formating
```

```
10              # ue = unicode(e.encode('string_escape'))
11              #ue = e.decode('latin-1')
12          else:
13              ue = e
```

添加 utf-8 的解码（见代码清单 4-19），即可解决中文乱码问题。

代码清单 4-19　添加 utf-8 的解码

```
1   # o and e should be byte string because they are collected from stdout and stderr
2       if isinstance(o,str):
3           # TODO: some problem with 'string_escape': it escape \n and
                mess up formating
4           # uo = unicode(o.encode('string_escape'))
5           #uo = o.decode('latin-1')
6           uo = o.decode('utf-8')
7       else:
8           uo = o
9       if isinstance(e,str):
10          # TODO: some problem with 'string_escape': it escape \n and mess
                up formating
11          # ue = unicode(e.encode('string_escape'))
12          #ue = e.decode('latin-1')
13          ue = e.decode('utf-8')
14      else:
15          ue = e
```

上面详细讲解了 hi_po 的一些个性化内容。下面结合实际例子详细介绍应用 hi_po 怎么进行自动化 UI 测试。

4.5　PageObject 模式的 UI 测试框架的实践

下面应用 hi_po 实现一个详细的测试流程的撰写。例如，进入京东首页，在搜索栏中输入"决战 618"，单击"搜索"按钮。然后选择第一个搜索结果，单击进入《决战 618：揭秘京东技术取胜之道》一书的详情页。

4.5.1　定义 PageObject 页面

首先要构造上述页面的 PageObject 页面。在测试工程中新建 pages 的 paython package。然后在 pages 里面新建 home_page.py 文件，引入 PageObject 和 PageElement。

新加 JDHomePage 类，定义 searchInput（文本框变量）和 searchButton（搜索按钮变量）。由于搜索按钮没有 id、name 等的定义，因此采用了 XPath 的定位方式。具体实现方式如代码清单 4-20 所示。

代码清单 4-20　首页 PageObject 页面

```
1   from hi_po import PageObject,PageElement
2   class JDHomePage(PageObject) :
3       searchInput = PageElement(id_ = 'key')
4       searchButton = PageElement(xpath = '//*[@id="search"]/div/div[2]/button')
```

定义搜索结果页的 PageObject 类，引入 PageObject 和 MultiPageElement。新建 SearchResultPage 类，定义 resultList（搜索结果列表变量）。resultList 变量通过 MultiPageElement 获取，具体实现方式如代码清单 4-21 所示。

代码清单 4-21　resultList 的 PageObject 页面

```
1   from hi_po import PageObject,MultiPageElement
2   class JDSearchResultPage(PageObject) :
3       resultList = MultiPageElement
    (xpath='//*[@id="J_goodsList"]/ul/li/div/div[3]/strong/i')
```

定义商品详情页的 PageObject 类，引入 PageObject、PageElement 和 GroupPageElement。新建 WareDetailPage 类，定义 addShoppingCart（加入购物车变量）、wareName（商品名称变量）及 repaymentType （白条分期变量）。其中，repaymentType 应用了 GroupPageElement，引用 XPath 的 locator 定位这一组元素。当应用 GroupPageElement 定位元素的时候，传入的 XPath 能够找到的一定是文本，因为其中的文本是定位一个元素的 key 值。具体实现方式如代码清单 4-22 所示。

代码清单 4-22　应用 GroupPageElement 定位元素

```
1   from hi_po import PageObject,PageElement,MultiPageElement,GroupPageElement
2   class WareDetailPage(PageObject) :
3       addShoppingCart = PageElement (id_ = 'choose-btn-append')
4       wareName = PageElement(id_ = 'name')
5       repaymentType = GroupPageElement
    (xpath='//*[@id="choose-baitiao"]/div[2]/div[1]/div/a/strong')
```

最后，将写好的 PageObject 类通过 pages 包下的 __init__.py 添加引。具体实现方式如代码清单 4-23 所示。

代码清单 4-23　通过 __init__.py 添加引用

```
1   from home_page import HomePage
2   from search_result_page import SearchResultPage
3   from ware_detail import WareDetailPage
```

完成后的 Pages 目录结构如图 4-10 所示。

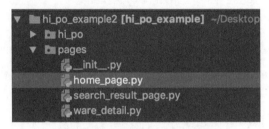

图 4-10　Pages 目录结构

4.5.2　编写测试用例

在测试项目中新建 test_case 的 python package，然后在 test_case 下新建 config 的 python package 和 param 目录。其中，param 目录用于存放参数文件，config 包用于存储一些通用配置。config 包里面包含 3 个 Python 文件，分别为 config_param.py、config_report.py 和 config_uri.py。

config_param.py 用于存储测试过程中的参数文件路径（本例子应用 Excel 存储参数），实例如代码清单 4-24 所示。

代码清单 4-24　param 的使用

```
1   import sys
2   import  os
3   # 获取当前项目路径
4   curPath = os.path.abspath('.')
5   sys.path.append(curPath)
6   # 所有全局参数都写在这个文件内
7   searchProcessParam=curPath + '/test_case/param/searchkeyword.xls'
```

config_report.py 用于存放测试报告的一些通用配置，在项目路径中，要按照报告配置文件的路径配置建立报告存储目录（见代码清单 4-25）。

代码清单 4-25　建立报告存储目录

```
1   import sys
2   import  os
3   # 获取项目路径
4   curPath = os.path.abspath('.')
5   sys.path.append(curPath)
6   # 所有全局参数都写在这个文件内
7   ''' 报告相关参数：报告文件的文件夹绝对地址（最后一层文件夹可以不存在）：命名
     系统功能（或功能名称）_reportDir'''
8   '''              报告名称：命名     系统功能（或功能名称）_titleReport'''
9   '''              报告描述：命名     系统功能（或功能名称）_descriptionReport'''
10  reportDir = curPath+'/test_report/'
11  reportTitle = u' PO 框架自动化测试报告：浏览商品加入购物车 '
12  reportDescription = u' PO 框架自动化测试报告：浏览商品加入购物车 '
```

config_uri.py 表示被测网页的 URL 地址。

如图 4-11 所示，test_case 根目录下面存在测试用例，search_addshoppingcart 脚本的内容就是执行以下测试流程。

（1）访问京东首页，输入"决战 618"关键字，单击"搜索"按钮。

（2）在搜索结果页单击第一个搜索结果。

（3）进入商品详情页，检查商品名称，获取页面 title 后，选择"白条分期"后面的"不分期"选项，并单击"加入购物车"按钮。

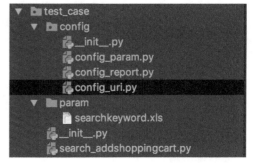

图 4-11　test_case 目录结构

4.5.3　执行测试

在测试项目根目录中新建 RunTest 测试执行脚本，导入 hi_po 的 ParamFactory、HiPOUnit、Report 类，导入 test_case 包下的 searchProcessParam、reportTitle、reportDescription、reportDir、TestSearchAddShoppingCart。代码清单 4-26 展示了详细脚本。

代码清单 4-26　建立 RunTest

```
1   from hi_po import ParamFactory
2   from hi_po import HiPOUnit
3   from hi_po import Report
```

```
4   from test_case import searchProcessParam
5   from test_case import reportTitle
6   from test_case import reportDescription
7   from test_case import reportDir
8   from test_case import TestSearchAddShoppingCart
9   import unittest
```

调用 ParamFactory 获取参数详情和参数条数，通过 unittest 设计测试套件，然后通过 Report 类获取测试报告（见代码清单 4-27）。

代码清单 4-27　通过 Report 类获取测试报告

```
1   # 设置参数
2   searchParam = ParamFactory().chooseParam
    ('xls' , {'file':searchProcessParam,'sheet':0}).paramAlllineDict()
3   searchParamCount = len(searchParam)
4   # 设计测试
5   testSuite = unittest.TestSuite()
6   testSuite.addTests(HiPOUnit.TestCaseWithClass(TestSearchAddShopping
        Cart,searchParamCount, param = searchParam  ))
7   # 生成测试报告
8   Report(testSuite, reportDir, titleReport = reportTitle,descriptionReport
        = reportDescription)
```

运行后，会在 conf_report 指定的报告目录中生成测试报告，测试报告按照 conf_report 中 reportTitle+ 年 _ 月 _ 日 时 _ 分 _ 秒 .html 的格式命名，多次运行会生成多个测试报告。

4.6　Headless 浏览器的配置

Headless 浏览器是一种没有界面的浏览器。虽然没有界面，但是浏览器可以执行的操作和具有的功能都是具备的。Headless 浏览器应用不同的浏览器内核完成页面解析和渲染。目前主流的浏览器内核如下。

• Webkit：当前最流行的浏览器内核，开源的，其前身是 KHTML。基于 Webkit 的浏览器有很多，如 Safari、Opera。谷歌的 Chrome 浏览器内核也是 Webkit 的一个分支 Blink，但是 Blink 在架构上已经有了很大改动，更加适合于 Chrome 的开源项目 Chromium。

• Gecko：火狐浏览器的内核，同样是开放源代码的，是以 C++ 编写的浏览器内核。

- Trident：在 Mosaic 基础之上开发出来，是 IE 浏览器的内核。

绝大部分 Headless 浏览器是基于上述的主流浏览器内核开发的。当下比较流行的 Headless 浏览器有 PhantomJS、SlimerJS、Firefox Headless 和 Chrome Headless。

Firefox Headless 模式是基于 Gecko 内核的。Chrome Headless 模式是基于 Blink 内核的。PhantomJS 是基于 QtWebkit 的 Headless 浏览器。SlimerJS 是基于 Gecko 的 Headless 浏览器。SlimerJS 和 PhantomJS 基本是兼容的，SlimerJS 就是一个内核换成了 Gecko 的 PhantomJS。

将 Headless 浏览器引入到 hi_po 框架中其实很简单。在 hi_po 框架中，浏览器的驱动配置都在 hi_po_unit 包的 HiPOUnit 类中。在对应 setUp() 函数的第一次 self.driver 的定义中，将原来的 ChromeDriver 的调用代码修改成 PhantomJS 浏览器的调用代码就可以完成对 Headless 浏览器的调用了。可以在对应测试代码示例中找到关于配置方法的注释。

为了使用 PhantomJS，按照代码清单 4-28 进行更改。

代码清单 4-28　配置 PhantomJS

```
1   def setUp(self):
2       self.verificationErrors = []
3       self.accept_next_alert = True
4       self.driver = webdriver.PhantomJS( executable_path = EXECUTABLEPATH,
            service_log_path = SERVICELOGPATH )
```

其中，EXECUTABLEPATH 是 PhtantomJS 的存放路径，SERVICELOGPATH 是日志存放地址。

为了使用 Chrome Headless，首先需要在 hi_po_unit 前面引入 from selenium.webdriver.chrome.options。import Options 需要做代码清单 4-29 所示修改。

代码清单 4-29　修改 import Options

```
1   def setUp(self):
2       self.verificationErrors = []
3       self.accept_next_alert = True
4       chrome_options = Options()
5       chrome_options.add_argument( '--headless' )
6       self.driver = webdriver.Chrome( chrome_options = chrome_options )
```

关于其他 Headless 浏览器的配置，如果项目有需求，读者可自行学习配置。除了上述关于框架本身的介绍外，hi_po 也可以通过 Jenkins 驱动执行。具体 Jenkins 的使用和配置在第 6 章会详细介绍，这里不再赘述。

4.7　hi_po 其他相关介绍

4.7.1　测试字符串

用于测试字符串的代码如代码清单 4-30 所示。

代码清单 4-30　测试字符串

```
1   # coding=utf8
2   # !/usr/bin/env python
3   import random
4   import re
5   class TestString(object):
6     def __GetMiddleStr(self , content ,  startPos ,  endPos) :
7         '''
8         : 根据开头和结尾字符串获取中间字符串
9         :param content: 原始字符串
10        :param startPos: 开始位置
11        :param endPos: 结束位置
12        :return: 一个字符串
13        '''
14        return content[startPos:endPos]
15    def __Getsubindex (self , content ,  subStr):
16        '''
17        :param content: 原始字符串
18        :param subStr: 字符边界
19        :return:  字符边界出现的第一个字符在原始字符串中的位置  []
20        '''
21        alist = []
22        asublen = len(subStr)
23        sRep = ''
24        istep = 0
25        while istep < asublen :
26          if random.uniform (1 ,  2) == 1:
27              sRep = sRep + '~'
```

```python
28              else:
29                  sRep = sRep + '^'
30              istep = istep + 1
31          apos = content.find(subStr)
32          while apos >= 0:
33              alist.append(apos)
34              content = content.replace(subStr, sRep, 1)
35              apos = content.find(subStr)
36          return alist
37      @classmethod
38      def GetTestString (cls_obj, content,  startStr,  endStr) :
39          '''
40          :param content: 原始字符串
41          :param startStr: 开始字符边界
42          :param endStr: 结束字符边界
43          :return: 前后边界一致的中间部分字符串  []
44          '''
45          reStrList = []
46          if content is None or content=='':
47              return reStrList
48          if startStr!='' and content.find(startStr)<0:
49              startStr=''
50          if endStr!='' and content.find(endStr)<0:
51              endStr=''
52
53          if startStr=='':
54              reStrList.append(content[:content.find(endStr)])
55              return reStrList
56          elif endStr=='':
57              reStrList.append(content[content.find(startStr)+len(startStr):])
58              return reStrList
59          elif startStr=='' and  endStr=='':
60              reStrList.append(content)
61              return reStrList
62          else:
63              starttemplist = cls_obj().__Getsubindex(content, startStr)
64              nStartlen = len(startStr)
65              startIndexlist = []
66              for ntemp in starttemplist:
67                  startIndexlist.append(ntemp + nStartlen)
68              endIndexlist = cls_obj().__Getsubindex(content, endStr)
69              astep = 0
```

```
70              bstep = 0
71              dr = re.compile(r'<[^>]+>', re.S)
72              while astep < len(startIndexlist) and bstep < len(endIndexlist):
73                  while startIndexlist[astep] >= endIndexlist[bstep]:
74                      bstep = bstep + 1
75                  strTemp = cls_obj().__GetMiddleStr(content, startIndexlist[astep],
                         endIndexlist[bstep])
76                  strTemp = dr.sub('', strTemp)
77                  reStrList.append(strTemp)
78                  astep = astep + 1
79                  bstep = bstep + 1
80              return reStrList
```

TestSting 类中使用了 @clasmethod 修饰符。@classmethod 修饰符对应的函数不需要实例化，不需要 self 参数，但第一个参数需要是表示自身类的 cls 参数，用来调用类的属性、类的方法及实例化对象等。

例如，一个测试请求的返回值是字符串 '24214jnjkanrhquihrghjw<>eufhuin/jfghs<>ajfjsanfghjkg/hjkghj<>kghjfasd/sdaf'。在测试过程中，要获取 <> 和 / 之间的所有字符串，可以通过代码清单 4-31 完成。

代码清单 4-31　测试字符串示例

```
1   strgg = '24214jnjkanrhquihrghjw<>eufhuin/jfghs<>ajfjsanfghjkg/
        hjkghj<>kghjfasd/sdaf'
2   TestString.GetTestString(strgg,'<>','/')
```

通过上述两行代码，可以获取 <> 和 / 之间的所有字符。结果是 ['eufhuin', 'ajfjsanfghjkg', 'kghjfasd']，通过获取这个 List 的 len 就可以获取具有相同左右边界值的字符串的数目，并且可以通过 List 下标获取对应的内容。

4.7.2　Headless 浏览器的服务器部署

所有测试脚本最后都要在测试服务器上运行，因此需要在服务器上进行部署（以 PhantomJS 为例）。首先，下载对应的 PhantomJS 的 Linux 版本，上传到服务器端。

进入服务器端对应的目录，运行 tar -jxvf phantomjs-XXX-linux-x86_64.tar.bz2，然后配置环境变量，运行 sudo vi /etc/profile，添加 export PATH=$PATH:/usr/headless/phantomjs- XXX -linux-x86_64/bin 后，保存并退出。运行 source /etc/profile 后，再运

行 phantomjs -version。如果显示对应版本信息，则配置结束。

4.8　小结

本章首先介绍了 PageObject 模式的优势，并通过抽象工厂类的设计讲述了 page_objects 的设计思想。然后详细讲解了 hi_po 的设计过程和设计思路，以及依据简单工厂模式设计的参数池类，并且通过一个实际的例子完成了脚本的详细讲解。但是，本章并没有介绍在框架中如何依据断言进行检查点设置。关于这部分内容，读者可自行学习，相应框架代码可参见附录 A。

第5章

深入解析接口测试框架

根据系统前后端分离开发的需求，测试出现了面向后端接口的测试和面向前端 UI 的测试。面向前端 UI 的测试及相关的自动化测试框架在前面的章节中进行了详细的介绍，这里不再赘述。面向后端接口的测试由于没有了 UI，失去了面对面交互的基础，因此只能通过代码或者工具完成测试任务，这也导致很多人觉得测试难度增加了——被测件非所见即所得。随着京东商城研发的中台化的发展及"积木赋能"和"无界零售"的推进，虚拟平台质量管理组面对的被测系统已经逐渐没有了 UI 层，这也推动了内部接口测试框架的快速发展。依据内部人员的特点，结合行业内测试工程师的需求和基础，即可打造一款工具化的接口测试框架。

5.1 UI 层其实是多了一层被测件

无论是手机应用还是网站应用，UI 层都是和用户直接交互的一层。在计算机最开始发展的年代，全部应用都没有 UI 交互层，这样变相提高了计算机应用人群的门槛。可视化技术的快速发展及 UI 交互层的出现，使得信息系统应用的门槛大大降低。

随着前后端分离开发的逐渐盛行，开发工程师逐渐分为前端开发工程师和后端开发工程师。前端开发工程师开发 UI 交互层的交互逻辑和一些输入约束逻辑，后端工程师开发服务端的逻辑处理层和数据交互层。这也让测试工程师在对一次系统进行测试的时候，不应该仅仅通过 UI 层的检测来完成测试。分层测试的思想逐渐盛行。UI 层变成了一个必须要独立测试的被测件。

分层测试是随着开发分层的设计理念而提出的，目前大体分为针对数据处理层的模块测试（或者单元测试）、针对业务逻辑处理层的集成接口测试及针对 UI 层的 UI 测试。

如图 5-1 所示，系统分为 UI 层（交互层）、Service 层（业务逻辑处理层）及数据处理层。对应的分层测试如图 5-2 所示。

由图 5-1 和图 5-2 的对应关系，可以看出，分层越接近终端用户，受益也越低。但是这并不是意味着取舍，决定哪些测试不做，哪些测试做，质量保障环节要全部存在。

维基百科对接口测试（API 测试）的定义如下。

API 测试是集成测试的一部分，是一种通过直接控制被测应用接口（API）来确定是否在功能、可靠性、性能和安全方面达到预期的软件测试活动。现在接口测试在自动化测试中有着很重要的地位，因为接口一般是应用逻辑的主要接口。

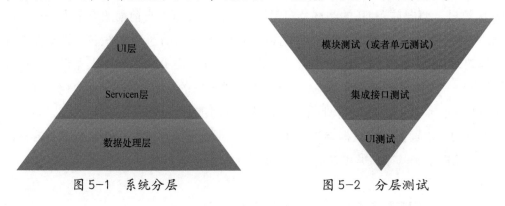

图 5-1　系统分层　　　　　图 5-2　分层测试

5.2　工具化的接口测试框架

每一个业务测试工程师，无论工作时间多长，一定或多或少用过测试工具。每个工具都有独特的操作流程和方法，但是总体上又差不多，如 Fiddler 和 Charles、LoadRunner 和 JMeter 等。设计接口测试框架，沿用了这种工具的设计理念，工程师仅仅通过撰写就可以完成测试脚本的编写。工具化的接口测试框架包含多种模块化功能，如处理接口入参数据的模块（称为参数池）、验证接口测试结果的模块（称为检查点）。为方便接口流程化的测试，它也提供了用于处理关联参数的工具类。

5.2.1　参数池类的设计

每个接口测试用例包含了大量的测试数据。为了方便编写、管理、使用这些数据，测试框架中引入了参数池的概念。一般情况下会将接口中所有的入参按照一定形式存储在一个数据文件中，如 Excel、CSV、XML 文件等。在用例执行时，通过 TestNG 提供的数据驱动模式 DataProvider 获取测试数据，使用自定义的数据获取方法将 Excel 中的数据解析成数组的形式来循环执行测试，这样便实现了测试数据的便捷管理与维护。下面以 Excel 为例讲解参数在 Excel 中的存储结构。

框架中规定一个被测接口对应一个 Excel，Excel 包含多个 Sheet 页，被测接口的每个方法对应 Excel 中的一个 Sheet 页。Sheet 页中首行的每列单元格内容对应接口入参的每个关键字。从第二行开始在每一行中填写实际的接口入参值，这样在一个 Sheet 页中，除首行以外，每一行数据都是一条完整的接口测试入参的用例数据。为了区分每行的测试数据，还添加了一列用例描述字段。此字段的值不会用做接口的入参，只是在执行测试时，作为日志输出，方便测试人员定位问题。

框架中的数据驱动部分提供了读取 Excel 的方法。此方法会将 Excel 中的测试数据以二维数组的类型返回给用户：通过遍历 x 轴，会得到每一条测试数据，通过遍历 y 轴，会得到每条测试数据的单个字段值。

在测试工程师编写完测试脚本和测试数据所用的 Excel 后，需要在脚本的方法前指定数据驱动的工具类、数据驱动方法、Excel 路径及 Sheet 页名称，如代码清单 5-1 所示。

代码清单 5-1　示例代码

```
1  @Test(dataProvider = "defaultDataProvider", dataProviderClass =
       DataProvider.class)
2  @ParamFile(path = "/data.xlsx", sheetName = "TestAdd")
3  public void testAdd (Map<String, String> excelData){
4  ……// 脚本的业务逻辑代码
5  }
```

其中，dataProvider 用来指定数据驱动方法，因为数据驱动类与测试用例不在同一个类中，所以还需要使用 dataProviderClass 来指定数据驱动的类。使用 @ParamFile 来指定用例数据集的 Excel 的信息。其中，path 为 Excel 的路径，sheetName 为 Sheet 页名称。

在 Excel 中编写测试数据时，需要将每个单元格中的数据另存为文本格式。这样做是因为每个接口入参的类型不尽相同，为了防止处理不同类型格式数据时的兼容性问题，不能都以 String 类型获取接口测试数据。为了解决这个问题，参数池工具类提供了相关的类型转换方法，如常见的类型 Integer、Long、String、Double、Date 等。下面查看实际的代码。要获取部分转换类型的值，编写代码清单 5-2 所示代码。

代码清单 5-2　获取部分转换类型的值

```
1  class TestParamPool {
2      /**
3       * 获取 String
4       * 参数池中的值可为：" 空格 "" 空 ""null"
5       */
```

```
6      public String getString(String key) {
7          String value = dataMap.get(key);
8          if (!"checkRule".equals(key)) {
9              if ("空格".equals(value) || " ".equals(value)) {
10                 return " ";
11             }
12             if (StringUtils.isEmpty(value) || "空".equals(value) || "null".
                   equals(value)) {
13                 log.warn(String.format(logStr, key, "String"));
14                 return null;
15             }
16         }
17         return value;
18     }
19
20     /**
21      * 将 key 的 value 返回 Long，如果为空，则返回默认值
22      */
23     public Long getLong(String key, Long defaultLong) {
24         String value = getString(key);
25         try {
26             Long rs = convertLong(key);
27             if (rs == null) {
28                 log.warn("当前字段 [" + key + "] 数据 [" + value + "]
                       不能转换成 Long 型，默认返回 :" + defaultLong);
29                 return defaultLong;
30             } else {
31                 return rs;
32             }
33         } catch (TestParamPoolException e) {
34             log.warn("当前字段 [" + key + "] 数据 [" + value + "]
                   不能转换成 Long 型，默认返回 :" + defaultLong);
35             return defaultLong;
36         }
37     }
38
39     /**
40      * 将 key 的 value 返回 Integer，如果为空，则返回默认值
41      */
42     public Integer getInt(String key, int defaultInt) {
43         try {
44             Integer rs = convertInt(key);
```

```
45              if (rs == null) {
46                  log.warn(" 当前字段 [" + key + "] 数据 [" + getString(key) + "]
                        不能转换成 Int 型，默认返回 :" + defaultInt);
47                  return defaultInt;
48              } else {
49                  return rs;
50              }
51          } catch (TestParamPoolException e) {
52              log.warn(" 当前字段 [" + key + "] 数据 [" + getString(key) + "]
                        不能转换成 Int 型，默认返回 :" + defaultInt);
53              return defaultInt;
54          }
55      }
56
57      /**
58       * 将通过 key 读取 dataMap 的 Value 转成 Integer
59       */
60      private Integer convertInt(String key) {
61          ……
62      }
63
64      /**
65       * 将通过 key 读取 dataMap 的 Value 转成 Long 类型
66       */
67      private Long convertLong(String key) {
68          ……
69 }
70 ……
71 }
```

当需要获取 Integer 类型数据时，只需要调用 getInt 方法，获取其他类型数据的
方法类似。

下面通过一个例子来看一下如何编辑一个测试数据的 Excel。当前被测接口的参
数实例如表 5-1 所示。

表 5-1　接口的参数实例

字段名	字段类型	是否可空	备注
businessId	Integer	N	业务 ID
platform	Integer	N	平台
fromDate	Date（YYYY-MM-DD）	Y	开始时间
toDate	Date（YYYY-MM-DD）	Y	结束时间

按照接口设计文档编写的部分测试数据如图 5-3 所示。

	A	B	C	D	E	F
1	businessId	platform	fromDate	toDate	caseDesc	
2	2	3	2011-07-01	2019-09-01	正常流程	
3		3	2011-07-01	2019-09-01	一个必要参数为空格	
4	2		2011-07-01	2019-09-01	一个必要参数为空格	
5	null	3	2011-07-01	2019-09-01	一个必要参数为null	
6	2	null	2011-07-01	2019-09-01	一个必要参数为null	
7	null	null	2011-07-01	2019-09-01	两个必要参数为null	
8	2	3	2019-09-01	2011-07-01	时间相反	

图 5-3　部分测试数据

使用 Excel 参数值运行接口测试用例的脚本如代码清单 5-3 所示。

代码清单 5-3　运行接口测试用例的脚本

```
public class TestCase extends BaseTest {

    @Resource
    Service testService;// 定义接口

    @Test(dataProvider = "defaultMapDataProvider", dataProviderClass =
       DefaultMapDataProvider.class)
    @ParamFile(path = "/ServiceParam.xlsx", sheetName = "getInfo")
public void testGetInfo(Map<String, String> excelData){
     // 初始化参数池类，需要将 excelData 的数据注入 TestParamPool 中
         TestParamPool testParamPool = new TestParamPool(excelData);
         Response response;// 定义接口返回值
         InterfaceRequest request = new InterfaceRequest();// 接口入参对象定义
          // 获取接口入参值开始
         Integer businessId = testParamPool.getInt("businessId");
         Integer platform = testParamPool.getInt("platform");
         Date fromDate = testParamPool.getDate("fromDate");
         Date toDate = testParamPool.getDate("toDate");
         String caseDesc = testParamPool.getString("caseDesc");
          // 获取接口入参值结束

         request.setBusinessId(businessId);
         request.setPlatform(platform);
         request.setFromDate(fromDate);
         request.setToDate(toDate);

         try {
```

```
27          response = testService.getInfo(request);// 调用接口
28          System.out.println(caseDesc);
29      }catch (Exception e){
30          System.out.println(e.getMessage());
31      }
32   }
33 }
```

除此之外，参数池类还提供了通过 Java 反射技术自动生成所需 Java 对象的方法。这个方法会分析指定的 Java 对象类，记录其中的成员变量的类型及名称后，自动生成一个实例。然后将 Excel 数据与其成员变量名称一致的值自动设置到实例中。我们要做的就是将 Java 对象类的成员变量名称置为 Excel 的表头。例如，接口的入参 Java 对象如代码清单 5-4 所示。

代码清单 5-4　接口的入参 Java 对象

```
1 public class InterfaceRequest{
2 private int businessId;
3 private int platform;
4    private Date fromDate;
5    private Date toDate;
6
7    setter……
8    getter……
9 }
```

通过 getObject 方法可直接获取对应的 Java Bean，于是上面的接口测试用例脚本可进一步简写为代码清单 5-5。

代码清单 5-5　优化后的代码

```
1 @Test(dataProvider = "defaultMapDataProvider", dataProviderClass =
    DefaultMapDataProvider.class)
2 @ParamFile(path = "/ServiceParam.xlsx", sheetName = "getInfo")
3 public void testGetInfo(Map<String, String> excelData){
4    TestParamPool testParamPool = new TestParamPool(excelData);
5    Response response;
6    InterfaceRequest request = testParamPool.getObject(InterfaceRequest.class);
7
8    try {
9        response = testService.getInfo(request);
```

```
10              System.out.println(caseDesc);
11          }catch (Exception e){
12              System.out.println(e.getMessage());
13          }
14      }
15  }
```

通过这种方法可以节省很多代码的编写工作，接口测试脚本开发的工作效率大大地提高了。

5.2.2　检查点类的设计

在执行接口测试脚本时，需要判断当前接口的业务逻辑处理是否正确。这个时候就要用到检查点这个概念了。该框架使用 TestNG 方式来驱动测试脚本。TestNG 本身提供了比较多的检查点方法。在 TestNG 中，这种检查点叫作断言。为了更为便捷地使用断言方法，该框架特地封装了此部分内容，同时添加了 TestNG 没有的一些断言方式，如是否包含等。这个封装后的断言方法类称为检查点工具类。

在准备测试数据时，还可以把一些公共检查点及预期判断接口返回是否符合规则的检查点写入 Excel 中。在 Excel 中，“检查点”这一列命名为 CheckRule。CheckRule 又分为两种类别：一类为双目检查点，另一类为单目检查点。对于双目检查点，需要设置检查点的类型和期望值。如实际结果与期望值是否相等？实际结果是否包含期望值？实际结果是否抛出期望的异常？单目检查点则只包含了检查点类型，它不需要期望值，因为检查类型就体现了它的实际期望值。如实际结果为真或者为假，实际结果为空或者不为空等。

通过检查点工具类，可以很方便地了解本条测试用例的执行结果。这个结果会在控制台输出，同时会体现在接口测试报告中。下面看一下如何将检查点应用到接口测试脚本中。具体实现方式如代码清单 5-6 所示。

代码清单 5-6　检查点类

```
1  @Test(dataProvider = "defaultMapDataProvider", dataProviderClass =
       DefaultMapDataProvider.class)
2  @ParamFile(path = "/ServiceParam.xlsx", sheetName = "getInfo")
3  public void testGetInfo(Map<String, String> excelData){
4      TestParamPool testParamPool = new TestParamPool(excelData);
5      String checkRule = testParamPool.getCheckRule();
```

```
6           Response response;
7           InterfaceRequest request = testParamPool.getObject(InterfaceRequest.class);
8
9           try {
10              response = testService.getInfo(request);
11              System.out.println(caseDesc);
12                Check.verifyByRules(checkRule,response.toString());
13          }catch (Exception e){
14              System.out.println(e.getMessage());
15                Check.verifyException(checkRule,e. getMessage());
16          }
17      }
18 }
```

代码中用到了两个方法。

方法一：通过 Excel 中的 CheckRule 判断当前接口的返回值是否和预期一致，方法 verifyByRules 中的 response.toString() 为接口的实际返回值，checkRule 为存储在 Excel 中的预期检查点，它的值可以是 contains:success（接口返回值包含 success 字符串），也可以是 notnull（接口返回值不为空）。

方法二（catch 代码块）：验证异常信息是否和预期一致，方法 verifyException 用于验证当接口抛出异常时，异常的内容 e.getMessage() 是否包含了 checkRule 的值。在 Excel 中，CheckRule 的值设置为系统错误等。

5.2.3　关联类的设计

一般测试接口中，除了单一接口的测试脚本之外，还会存在流程化的接口测试。在流程化的接口测试中，会用前一个接口的返回值作为下一个接口的入参。在这种情况下，如何来获取和管理这种参数呢？在此首先介绍一个名词——关联。某些读者在面试中经常会被问到：看到你的简历中有过 LoadRunner 的使用经验，那你在编写脚本的时候使用过关联吗？它是如何实现的？

使用关联的一个场景如下：在测试某一个接口时，它的入参并非是固定不变的值，而是动态生成的。当调用这个接口时，需要按照指定的规则生成这个入参值。一般这种情况下的入参来自另一个接口的返回值。例如，当需要测试一个订单信息获取接口时，入参包含了一个订单 ID 字段。这个订单 ID 可以通过数据库获取，也可以通过一个下单接口的返回值获取。因此，如果希望订单查询接口返回一个订单的真实订单信息，那么这个订单 ID 是不可伪造的，一定要是一个准确的值。因此，在调用测试对象接口前，需要首先运行另一个脚本来获取这个订单 ID。然后存储这个订单 ID 并把它传给被测的接口。这个操作就是关联。

为此，框架提供了关联工具类的一个实现。通过此工具类可以轻松地管理接口间的关联参数。实现方式如代码清单 5-7 所示。

代码清单 5-7　关联工具类的实现方式

```
1   public class AssociatedParam {
2       private static final AssociatedParam associatedParam = new
            AssociatedParam();
3       private static Map<String, Object> paramMap = new HashMap();
4
5       private AssociatedParam() {
6       }
7
8       public static AssociatedParam getInstance() {
9           return associatedParam;
10      }
11
12      public static Object getParamMapValueByKey(String key) {
13          Set<String> keySet = paramMap.keySet();
14          if (!keySet.contains(key)) {
15              throw new TestParamPoolException(" 关联参数 MAP 中不存在当前 key
                    【" + key + "】");
16          } else {
17              return paramMap.get(key);
18          }
19      }
20
21      public static void putKeyValue(String key, Object value) {
22          paramMap.put(key, value);
23      }
24  }
```

实现部分的原理比较简单。工具类 AssociatedParam 采用了单例模式，数据存储在一个 Map 中，提供了一个静态的 put 方法和 get 方法。put 方法用于将测试所需的关联参数存储进 Map 中，get 方法用于从 Map 中获取测试所需的关联参数值。实际应用中需要注意的是，如果存在多条测试数据，则关联参数存储在 Map 中的

键要唯一。否则，当存储多条关联参数时，原来的键值对就会被覆盖。这样就会
造成在获取关联参数时，总是获取相同的参数。下面看一个关联类的例子（见代
码清单 5-8）。

代码清单 5-8　关联类的示例

```
1   public class TestContractProcess extends BaseTest {
2
3       private static final Logger log = Logger.getLogger(TestContractProcess.
            class);
4
5       @Resource
6       Service service;
7
8       /**
9        * 新增联系人
10       */
11      @Test(……)
12      @ParamFile(……)
13      public void testAddContact(Map<String, String> excelData) {
14          log.info("增加联系人测试开始");
15          TestParamPool testParamPool = new TestParamPool(excelData);
            // 测试参数格式化获取数据工具类，用于获取 Excel 当中的数据
16          int i = testParamPool.getCurrentRowNum();// 获取当前 Excel 的行数
17
18          // 准备入参
19          ……
20
21          // 调用接口
22          Result<Long> response = service.addContact(request);
23
24          // 验证接口返回开始
25          boolean isSuccess = response.isSuccess();// 获取调用接口添加联系人的结果
26          if (isSuccess) {// 如果添加联系人成功，则添加关联参数
27              AssociatedParam.putKeyValue(i + ".id", response.getData());
28              AssociatedParam.putKeyValue(i + ".name", contactName);
29              AssociatedParam.putKeyValue(i + ".phone", contactPhone);
30          }
31
32          log.info("增加联系人测试结束");
33      }
```

```
34
35      /**
36       *  获取联系人
37       *  关联参数：联系人姓名、联系人电话
38       *  关联参数作用：验证 getContacts 响应结果
39       *
40       *  @param excelData Excel 数据
41       */
42      @Test(……)
43      @ParamFile(……)
44      public void testGetContacts(Map<String, String> excelData) {
45          log.info(" 获取联系人列表测试开始 ");
46          TestParamPool testParamPool = new TestParamPool(excelData);
47          int i = testParamPool.getCurrentRowNum();
48
49          // 准备入参
50          ……
51
52          // 调用接口
53          Result<List<ContactDTO>> response = service.getContacts(request);
54
55          boolean isSuccess = response.isSuccess();// 验证是否成功获取联系人信息
56
57          if (isSuccess && null != response.getData() && response.getData().size() > 0) {
58              for (ContactDTO info : response.getData()) {
59                  if (info.getContactId().equals(AssociatedParam.
                        getParamMapValueByKey(i + ".id"))) {
60                      Check.verifyEquals(info.getContactName(), AssociatedParam.
                            getParamMapValueByKey(i + ".name").toString());
61                      Check.verifyEquals(info.getContactPhone(), AssociatedParam.
                            getParamMapValueByKey(i + ".phone").toString());
62                  }
63              }
64          }
65          log.info(" 获取联系人列表测试结束 ");
66      }
67  }
```

在本示例中，为了区别每一行的关联参数，在键中加入了当前的 Excel 行数 i 进行区分，通过方法 getCurrentRowNum() 可以获取当前的测试数据行数，这样关联参数被覆盖的问题就不会发生了。当然，键的设计应该按照实际的情况进行选择，没

有一个绝对的格式，测试工程师在编写脚本时灵活应用即可。

5.2.4 测试框架的设计和实现

本接口框架符合工具化测试思想，通过模板化的管理，简单且容易上手，针对 HTTP 接口、自研 RPC 接口均有方便的工具类支持。在 HTTP 接口中，封装了 Apache 的 HttpClient，实现了简单的 GET 与 POST 请求方式。其中还包含了 Header、Cookie 的配置方式。在自研 RPC 接口中，使用 Spring 来管理接口的 Bean 信息。在编写测试用例时，只需要按照模板配置好 Spring 配置文件即可，方便调用接口对象。在用例的执行上，使用 TestNG 驱动方式，同时支持 DataProvider 的数据驱动功能，大大减轻了测试数据的管理与编写代码的压力。由于将 TestNG 框架与 Maven 相结合，因此可以使用 maven-surefire-plugin 插件来方便地进行 mvn –Dtest 的脚本调用和执行。该框架还可以结合测试 CI 平台来进行持续集成。在测试报告中，使用 ReportNG 来导出可视的测试报告。该框架会自动将测试报告文件上传至指定的 FTP 中，通过日志链接方便地查看执行结果。

5.3 如何开始进行测试

上面介绍了本测试框架的基本功能及实现方式。下面讲解在实际工作中测试脚本的编写方法及流程。

5.3.1 HTTP 接口的测试脚本

首先，讲解 HTTP 接口的 get 方法的编写方式。在编写测试用例时，需要继承框架的基类 BaseTest。实现方式如代码清单 5-9 所示。

代码清单 5-9 HTTP 接口的 get 方法

```
1  public class TestGet extends BaseTest {
2      private static final Logger log = Logger.getLogger(TestGet.class);
3
4      @Test(dataProvider = "defaultMapDataProvider", dataProviderClass =
           DefaultMapDataProvider.class)
5      @ParamFile(path = "/TrainTicketQueryJSFServiceParam.xlsx", sheetName =
           "queryTickets")
6      public void testGet(Map<String, String> excelData) {
```

```
7        final String URL = TRAIN_HTTP_URL + "/train/ticket/list";
8        TestParamPool testParamPool = new TestParamPool(excelData);
9        log.info(" 查询余票信息测试开始 ");
10       String fromStation = testParamPool.getString("fromStation");
11       String toStation = testParamPool.getString("toStation");
12       String trainDate = testParamPool.getString("trainDate");
13       String trainType = testParamPool.getString("extraQueryCondition.trainType");
14       Integer remain = testParamPool.getInt("extraQueryCondition.remain");
15       String seatType = testParamPool.getString("extraQueryCondition.
            seatType");
16       String timeBefore = testParamPool.getString("extraQueryCondition.
            timeBefore");
17       String timeAfter = testParamPool.getString("extraQueryCondition.
            timeAfter");
18       String timeAround = testParamPool.getString("extraQueryCondition.
            timeAround");
19       Integer priceBelow = testParamPool.getInt("extraQueryCondition.
            priceBelow");
20       Integer priceAbove = testParamPool.getInt("extraQueryCondition.
            priceAbove");
21       Integer priceAround = testParamPool.getInt("extraQueryCondition.
            priceAround");
22       String orderBy = testParamPool.getString("orderBy");
23       String orderPattern = testParamPool.getString("orderPattern");
24       String caseDesc = testParamPool.getCaseDesc();
25       String checkRule = testParamPool.getCheckRule();
26
27       log.info(" 本条测试用例描述为：" + caseDesc);
28       log.info(" 测试数据为：" + excelData.toString());
29
30       Map<String, Object> businessParamMap = new HashMap<>();
31       businessParamMap.put("fromStation", fromStation);
32       businessParamMap.put("toStation", toStation);
33       businessParamMap.put("trainDate", trainDate);
34       businessParamMap.put("trainType", trainType);
35       businessParamMap.put("remain", remain);
36       businessParamMap.put("seatType", seatType);
37       businessParamMap.put("timeBefore", timeBefore);
38       businessParamMap.put("timeAfter", timeAfter);
39       businessParamMap.put("timeAround", timeAround);
40       businessParamMap.put("priceBelow", priceBelow);
41       businessParamMap.put("priceAbove", priceAbove);
```

```
42          businessParamMap.put("priceAround", priceAround);
43          businessParamMap.put("orderBy", orderBy);
44          businessParamMap.put("orderPattern", orderPattern);
45
46          Map<String, Object> paramMap = getCommonParamMap(businessParamMap);
47
48          String param = Map2Param.getParam(paramMap, false);
49
50          String response = HttpClientUtil.getRequest(URL + param);
51          json2Map(response);
52          log.info(" 响应为 :" + response);
53          Check.verifyNotNull(response);
            // 验证接口响应值是否不为空,
            // 如果为空,则本条测试用例执行失败,下面的流程就不再进行了
54          Map<String,Object> responseJson = json2Map(response);
55          Check.verifyByRules(checkRule, responseJson.get("success"));
            // 验证接口是否调用成功
56          log.info(" 查询余票信息测试结束 ");
57      }
58  }
```

这样就完成了基本的 get 接口测试脚本的编写。下面看 post 接口的脚本编写方式（见代码清单 5-10）。

代码清单 5-10　post 接口的脚本

```
1   public class TestPost extends TravelBoxBaseTest {
2       private static final Logger log = Logger.getLogger(TestPost.class);
3
4       @Test(dataProvider = "defaultMapDataProvider", dataProviderClass =
            DefaultMapDataProvider.class)
5       @ParamFile(path = "/TrainPassengerJSFServiceParam.xlsx",
            sheetName = "addPassenger")
6        public void testPost(Map<String, String> excelData) {
7           final String URL = TRAIN_HTTP_URL + "/train/passenger/add";
8           TestParamPool testParamPool = new TestParamPool(excelData);
9           log.info(" 新增乘车人测试开始 ");
10          String userPin = testParamPool.getString("userPin");
11          String passengerName = testParamPool.getString("passengerName");
12          String idcardType = testParamPool.getString("idcardType");
13          String idCardNo = testParamPool.getString("idCardNo");
14          String caseDesc = testParamPool.getCaseDesc();
15          String checkRule = testParamPool.getCheckRule();
```

```
16
17        log.info(" 本条测试用例描述为: " + caseDesc);
18        log.info(" 测试数据为: " + excelData.toString());
19
20        Map<String, Object> businessParamMap = new HashMap<>();
21        businessParamMap.put("userPin", userPin);
22        businessParamMap.put("passengerName", passengerName);
23        businessParamMap.put("idcardType", idcardType);
24        businessParamMap.put("idCardNo", idCardNo);
25
26        Map<String, Object> paramMap = getCommonParamMap(businessParamMap);
27
28        String response = HttpClientUtil.postRequest(URL, paramMap);
29        log.info(" 响应为:" + response);
30        Check.verifyNotNull(response);
          // 验证接口响应值是否不为空,
          // 如果为空, 则本条测试用例执行失败, 下面的流程就不再进行了
31        Map<String,Object> responseJson = json2Map(response);
32        Check.verifyByRules(checkRule, responseJson.get("success"));
          // 验证接口是否调用成功
33        log.info(" 新增乘车人测试结束 ");
34    }
35 }
```

5.3.2 RPC 接口的测试脚本

RPC 接口需要先配置 Consumer，在 Consumer 配置中需要指定接口的全路径、协议、实例名称、超时时间等信息。在测试脚本中通过 @Resource 注入接口实例后来调用。配置方式如代码清单 5-11 所示。

代码清单 5-11　配置方式

```
1 <consumer
2     id="airwaysQueryJSFService"
3     interface="com.jd.*.*.*.AirwaysQueryJSFService"
4     alias="TB_TESTTB_TEST_jdos_test"
5     timeout="10000"
6     protocol="rpc"/>
```

配置中的 id 为 @Resource 的接口变量名，alias 为被测试接口的实例名称。下面看 RPC 接口脚本的编写（见代码清单 5-12）。

代码清单 5-12　RPC 接口的脚本

```
1   public class TestGetContacts extends BaseTest {
2       private static final Logger log = Logger.getLogger(TestGetContacts.class);
3
4       @Resource
5       TrainContactJSFService trainContactJSFService;
6
7       @Test(dataProvider = "defaultMapDataProvider", dataProviderClass =
            DefaultMapDataProvider.class)
8       @ParamFile(path = "/TrainContactJSFServiceParam.xlsx", sheetName =
            "getContacts")
9       public void testGetContacts(Map<String,String> excelData){
10          TestParamPool testParamPool = new TestParamPool(excelData);
11          log.info(" 获取常用联系人列表测试开始 ");
12          String checkRule = testParamPool.getCheckRule();
            // 获取 Excel 中的 checkRule，准备做当前用例接口响应值检查点
13
14          ContactQueryParam request = testParamPool.getObject(ContactQueryParam.class);
                // 定义入参对象
15
16          TrainResult<List<ContactDTO>> response = trainContactJSFService.
                getContacts(request);
            // 调用接口并获取接口响应值，注意将接口入参对象放到括号里
17          log.info(" 接口响应为： " + getJson(response));
            // 输出接口响应值，按照 JSON 格式输出，用于调试测试用例
18          Check.verifyNotNull(response);
            // 验证接口响应值是否不为空，
            // 如果为空，则本条测试用例执行失败，下面的流程就不再进行了
19          Check.verifyByRules(checkRule, response.isSuccess());
            // 验证接口是否调用成功
20          log.info(" 获取常用联系人列表测试结束 ");
21      }
22  }
```

至此，RPC 接口的测试脚本就编写完成了。

5.4　让框架完成脚本撰写

在工具化测试框架的应用过程中，绝大部分工作时间耗费在了脚本撰写和参数设计上。相对于 UI 测试，工作流程的区别主要是多了脚本撰写部分，参数设计等同

于之前业务测试的测试用例设计环节。为了解决脚本生成的问题，通过针对 Java 的 ClassLoader 的分析和类的解析过程，设计并实现了一种针对 RPC 服务的测试脚本自动生成算法。测试脚本自动生成算法基于构造的特殊的线索二叉树的数据结构实现。

5.4.1　二叉树

二叉树是计算机里面一个普遍而又特殊的树类型。其每一个节点都有且至多拥有两个子节点。这两个子节点分别称为当前节点的左子节点和右子节点。如果左子节点非叶子节点，那么以左子节点为根的树称为基于当前节点的左子树。右子树的定义与左子树类似。在二叉树中，最顶端的节点（即无父节点的节点）称为这棵树的根节点。节点含有的子树的根节点称为该节点的子节点。没有子节点的节点称为叶子结点。

线索二叉树是对二叉链表中空指针的充分利用，也就是说，使得原本的空指针在某种遍历顺序下，指向该节点的前驱和后继。在二叉链表中，每个节点都有 Leftchild 和 Rightchild 两个指针。而除根节点外，每个节点只对应一个指针，要么是 Leftchild，要么是 Rightchild，总共有 $2n$ 个指针。也就是说，有 $2n-(n-1)$ 个空指针。从这个角度，也说明了线索二叉树的必要性。线索二叉树在二叉链表的基础上增加了两个成员数据：leftTag 和 rightTag，用来标记当前节点的 Leftchild、Rightchild 指针指向的是子节点还是线索。leftTag=rightTag=1，表示指针指向线索。leftTag=rightTag=0，表示指针指向子节点。通过线索二叉树，可以快速确定树中任意一个节点在特定遍历算法下的前驱和后继。

针对二叉树的遍历分为前序遍历、中序遍历及后序遍历。遍历即访问树的所有节点且仅访问一次。前序遍历是指首先遍历树的根节点，然后遍历左子树，最后遍历右子树；中序遍历是指首先遍历左子树，然后遍历根节点，最后遍历右子树；后序遍历是首先遍历左子树，然后遍历右子树，最后遍历根节点。

5.4.2　构造适合自动脚本生成的二叉树数据结构

在原有的线索二叉树的基础之上，适合自动脚本生成的树节点的存储结构如图 5-4 所示。

Name	Type	*Leftchild	*Rightchild	*Father

图 5-4　存储结构

存储节点包含了名字、类型、左子指针、右子指针和父指针。通过前驱二叉树的生成算法，可生成一棵前驱线索二叉树。其中，前驱所指为指向父节点的指针。树结构如代码清单 5-13 所示。

代码清单 5-13　树结构

```
1   Class NodeValue{
2       String sName;
3       String sType;
4   }
5
6   Class TreeNode<T> {
7       T value;
8       TreeNode<T> leftChild;
9       TreeNode<T> rightChild;
10
11      Public addLiftChild(T);
12      Public addRightChild(T);
13  }
```

具体结构和存储内容如下所示。

1. 根节点的存储

- Name 字段存储被测接口的接口名。
- Type 字段存储返回值类型。
- Leftchlid 指向第一个被测接口入参的第一个基本类型节点，否则为 null。
- Rightchlid 指向第一个被测接口的第一个负载类型节点，否则为 null。
- Father 为 null。

2. 基本类型参数的存储

- Name 存储变量名。
- Type 存储遍历类型。
- Leftchild 指向同层调用中的基本类型节点。
- Rightchlid 为 null。
- Father 指向同层调用的上一个节点或者指向其复杂类型的父节点的 Node 节点。如果节点是该二叉树的第二层节点，则指向根节点。

3. Java 对象类型参数的存储

对于 Java 对象类型参数，需要新建两个类型的节点。一类节点是 Java 对象节点，另一类节点是对象 Node 节点，具体如下。

（1）Java 对象节点

- Name 存储对象变量名。
- Type 存储 Java 对象。
- Leftchild 指向其对应的对象 Node 节点。
- Rightchlid 指向同层的复杂对象节点。
- Father 指向同层调用的上一个节点或者指向其复杂类型的父节点的 Node 节点。如果节点是该二叉树的第二层节点，则指向根节点。

（2）Java 对象 Node 节点

- Name 存储 null。
- Type 存储 null。
- Leftchild 指向第一个其嵌套的第一个基本类型节点，否则为 null。
- Rightchlid 指向第一个其嵌套的第一个复杂对象节点，否则为 null。
- Father 指向其对应的 Java 对象节点。

4. Map 类型参数的存储

对于 Map 类型参数，需要新建两个类型的节点。一类节点是 Map 类型节点，另一类节点是 Map 类型 Node 节点。具体如下。

（1）Map 类型节点

- Name 存储对象变量名。
- Type 存储 Map 标记。
- Leftchild 指向其对应的 Map 类型 Node 节点。
- Rightchlid 指向同层的复杂对象节点。
- Father 指向同层调用的上一个节点或者指向其复杂类型的父节点的 Node 节点。如果节点是该二叉树的第二层节点，则指向根节点。

（2）Map 类型 Node 节点

- Name 存储 null。
- Type 存储 null。
- Leftchild 指向其第一个键节点，键按照具体类型处理。
- Rightchlid 指向第一个值节点，值节点按照具体类型处理。

- Father 指向其对应的 Map 类型节点。

5. List 类型参数的存储

对于 List 类型参数，需要新建两个类型的节点。一类节点是 List 类型节点，另一类节点是 List 类型 Node 节点。具体如下。

（1）Map 类型节点

- Name 存储对象变量名。

- Type 存储 Map 标记。

- Leftchild 指向其对应的 List 类型 Node 节点。

- Rightchlid 指向同层的复杂对象节点。

- Father 指向同层调用的上一个节点或者指向其复杂类型的父节点的 Node 节点。如果节点该二叉树的第二层节点，则指向根节点。

（2）List 类型 Node 节点

- Name 存储 null。

- Type 存储 null。

- Leftchild 如果在 List 中是基本类型，那么 Leftchlid 指向其对应基本类型节点，Rightchlid 为 null。

- Rightchlid 如果在 List 中是复杂类型，那么 Rightchlid 指向其对应复杂类型节点，Leftchild 为 null。

- Father 指向其对应的 List 类型节点。

5.4.3 测试脚本自动生成算法

脚本自动生成的重点是测试参数的嵌套关系，因此通过上述数据结构，就可以完成被测接口入参中嵌套的关系数据结构的梳理。自动生成算法如代码清单 5-14 所示。

代码清单 5-14 自动生成算法

```
1  Node createTree()
2  {
3      rootNode; 建立根节点
4      tagNode=rootNode; 当前节点的标志
5      int i=0;
6      while i< 参数个数 {
```

```
7          获取第 i 个参数 node；
8          if node 是基本类型：
9              tagNode.leftchild = node;
10             tagNode=node;
11         else:
12             tagNode.rightchild = createTreeChild（node）
13         i++;
14     }
15     return rootNode
16 }
17 Node createTreeChild(Innode)
18 {
19     tagNode=Innode；当前节点的标志
20     创建复杂对象的节点 objectnode = {bean, null}
21     node.leftchild=objectnode；
22     tagNode=objectnode；
23     int i=0；
24     while i<node 的属性个数
25     {
26         新建 node 第 i 个属性的节点 Nodei；
27         if node 第 i 个属性是基本类型：
28             tagNode.leftchild=Nodei；
29             tagNode = Nodei；
30         else:
31             tagNode.rightchild = createTreeChild(Nodei)
32     }
33     return Innode；
34 }
```

依据上述算法，下面针对测试脚本生成过程做一个简单的介绍。被测接口如下。

```
public String setPersion(Stirng sName,Integer iAge,HouseHold household);
```

其中，户口类 HouseHold 的字段（类成员）部分如下。

```
Public class HouseHold{
public String sAddress；// 户口地址
public String sType;// 户口属性（农业，非农业）
......
}
```

按照上述算法生成的树如图 5-5 所示。

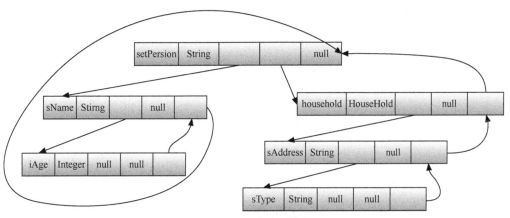

图 5-5　生成的树

要生成实际的调用关系，可采取中序遍历方式。即首先遍历左子树，然后遍历根节点，最后遍历右子树。在遍历过程中，将结果存入 Map 中，就可以完全梳理清楚参数的调用关系。

通过对这个 Map 的遍历，按照基本类型初始化，然后初始化复杂类型的逻辑规则，即可完成被测接口的入参拼凑。最后按照根节点的结构，生成接口的调用语句，即可完成测试脚本的生成。

5.5　小结

本章通过介绍工具化的接口测试框架的设计思路，引入工具化的设计理念，设计了参数池类、关联类等，从使用上降低成本，从认知上熟悉了测试的概念。本章还详细介绍了框架中自动生成测试脚本的算法和数据结构。该框架的设计有一部分是对内部的 RPC 框架进行了一些定制化的设计。该部分几乎无须修改便可直接支持所有 Java 语言的开源 RPC 服务的接口测试。

京东

第6章

走进持续集成的世界

在我们的测试团队转型的过程中，测试的基础环境也从虚拟机过渡到了容器环境。因为现阶段我们质量团队的测试环境的部署和管理已经完全由自研的自动部署及持续集成系统接管了，所以提到测试环境的治理，本章先介绍持续集成。

6.1 持续集成

Grady Booch 于 1994 年出版的《面向对象分析设计与应用（第 2 版）》（*Object-Oriented Analysis and Design with Applications,Second Edition*）中首次提出了持续集成（Continuous Integration）这种软件开发流程。这种流程要求所有工程师每天都将各自开发的代码的副本集成到主干分支上。持续集成的概念之后被极限编程引入，来解决极限编程中称为"集成地狱"的问题。在软件开发的流程中，系统集成经常是一件让人提心吊胆的事情。为了使这一过程的风险最小化，极限编程中提倡在开发过程中每天进行一次至数次集成，使集成的风险分散，将问题消灭在萌芽状态。

6.1.1 实践

在很多团队中，未必能始终贯彻极限编程，但是持续集成已经广泛使用。比较典型的持续集成过程如图 6-1 所示。

图 6-1　持续集成过程

在实践的过程中，需要关注以下细节。

（1）需要使用版本控制系统（如现在广泛实用的 Git，以及 SVN、CVS 和 Jazz 等）来维护代码库。所有与系统相关的应用都在这个代码库中维护。代码库中的模块要有合适的边界以及结构。如果模块有多层嵌套定义（比如，模块中还定义了模块），就有可能为扩展持续集成管道的功能带来麻烦。比如，当收集代码覆盖率时，现有工具对这种结构的工程支持并不是很完善，导致覆盖率收集失败（我们在通过 sonar 扫描代码并收集单元测试覆盖率时遇到了这样的问题，并且最终没有得到妥善解决，但其实经过合理的设计，一般情况下是可以避免这种工程结构的）。

（2）必须拥有自动化的构建能力。以前有 MAKE、Ant 等工具，现在在 Java 领域中有 Maven 和 Gradle。这两种工具不仅可以用来处理应用包的依赖问题，配合不同的插件（也同样是软件包），同样还可以方便地打包，甚至运行单元测试。这极大地简化了持续集成管道中相关功能的开发工作。

（3）每人每天至少提交一次代码，通过相对频繁地提交代码来减少冲突的数量并降低解决的难度。如果相隔较长时间才进行，将大大地提高集成的风险，有时甚至需要花费比开发代码还长的时间来解决冲突。在提交代码和构建的过程中，最好不要有窗口时间，这样可以避免其他的提交影响构建或测试的结果，并且有助于问题的定位。即使测试失败，或者构建失败，也可以明确地知道是哪一次提交引起的。

（4）如果仅仅对软件或应用进行构建，那么这个持续集成就是不完整的。持续集成需要配合单元测试（这涉及测试驱动开发的研发模式，这里不展开讨论），甚至其他形式的自动化测试，来对最新的代码进行测试，以保证新代码的质量底线。为什么要保持底线，而不要求在流水线里对代码进行充分测试呢？因为持续集成要求快速、有效地反馈。这就要求我们精心地设计和挑选在流水线中运行的测试用例集。除单元测试以外，对于其他测试，比如接口测试、UI 自动化测试等，会挑选出一个较小的 BVT 测试用例集来在流水线上运行。其他的用例后期在测试环境中会通过其他方式运行。

（5）不论是什么样的持续集成，最后都应该有一个产出物。可以是 jar/war 包、Android/iOS 应用的安装包，甚至是一些静态资源，一个文本文件等。这些产出物，以及它们的相关信息（如代码版本、构建时间、相关测试结果等），都应该妥善地保存，并且所有人都可以方便地检索，获取相关信息和构建历史。这将有助于问题的排查和历史回溯。

（6）自动部署。大部分的持续集成系统都支持在构建后直接将最新版的应用部署在测试环境中，尤其是如果接口测试或者自动化的功能测试作为流水线的一环，自动部署就是一个必须满足的条件。在很多先进的系统中，在自动部署到了测试环境并运行了相应的测试后，可以将测试通过的版本直接部署到预发环境甚至生产环境中，进而实现了持续交付（Continuous Delivery）。

6.1.2　持续集成的投入和回报

做持续集成需要投入什么呢？

首先，构建一个持续集成系统需要投入大量精力。之后同样需要持续地投入资源来维护和扩展新功能，以适应项目的迭代发展。其次，围绕持续集成展开的测试自动化工作同样需要投入大量的资源。开发者和团队管理者需要仔细权衡在每一种自动化测试形式上所投入的资源，以决定每种自动化测试做到何种程度。同时，这些自动化测试也需要不断维护，以覆盖新功能或者适应产品的更改。再次，持续集成需要比较富裕的硬件资源来支撑多个产品的持续集成过程。如果运行环境不足，开发人员的集成请求可能会排很长时间的队，导致无法及时得到上次代码集成的结果，进而极大地影响他们的工作效率。另外，这样的一个基础硬件环境同样需要专业的团队进行维护，这又是一笔不小的投入。

既然做持续集成成本高、周期长，那么它能否带来可观的收益呢？答案是肯定的。首先，持续集成可以帮助我们尽早发现错误，从软件缺陷的修复成本来看，越早发现的缺陷，但是成本越低。在频繁的集成中，如果发生错误，开发人员只需要放弃小部分修改，就可以使整个系统恢复正常，这有助于线上问题的快速排除。其次，将自动化测试纪律化、强制化，充分利用自动化测试。如果执行频率提高了，花费在自动化测试开发上的时间和人力成本也就能更快地得到回报。最后，任何更改都可以及时在系统上反映出来，同时也迫使开发做更充分的单元测试。为了应对频繁的提交和构建，开发人员将会提交结构更合理、质量更高的代码，使得产品维护成本降低。

6.1.3 Jenkins

提到持续集成，就不能不提 Jenkins。Jenkins 是一个开源的自动化服务器，可以用来构建、测试和部署软件等。它是一个开源的自动化平台。通过它可以把各种流行的自动化工具（包括各种 Shell 脚本）"拼装""组合"成一条流水线，并且通过 Jenkins 来对流水线进行有效的任务调度，从而建立起持续集成的环境，如图 6-2 所示。

Jenkins 对持续集成的支持也经历了 Pipeline、Blue Ocean 和 Jenkins X 三个产品阶段。Pipeline 阶段的 Jenkins 允许用户通过脚本将各个步骤串联起来，定义持续集成管道，也可以通过 SCM（软件配置管理）的方式将持续集成流水线脚本上传到产品的代码库。这样在 Jenkins 执行产品构建任务时，就会自动执行指定位置的管道脚本，如代码清单 6-1 所示。

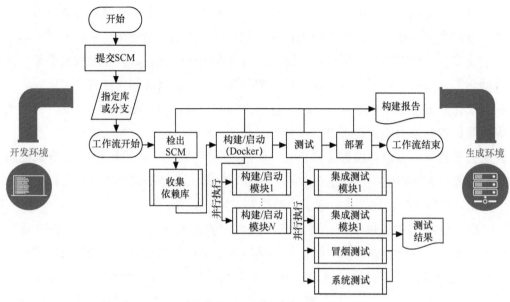

图 6-2　Jenkins Pipeline

代码清单 6-1　流水线脚本

```
1  pipeline {
2      agent any
3      stages {
4          stage('Build') {
5              steps {
6                  echo 'Building..'
7              }
8          }
9          stage('Test') {
10             steps {
11                 echo 'Testing..'
12             }
13         }
14         stage('Deploy') {
15             steps {
16                 echo 'Deploying....'
17             }
18         }
19     }
20 }
```

同时 Pipeline 提供了 Stage View，有助于用户查看管道每个执行阶段的详情。

Blue Ocean 是为 Jenkins Pipeline 开发的一套全新的用户界面，它为用户提供了全程可视化的 Pipeline 编辑界面。相对于经典界面，Blue Ocean 通过图形界面使持续集成管道以图形的方式展现给用户，即使没有 Jenkins 使用经验，也能理解 Pipeline 的定义，如图 6-3 所示。

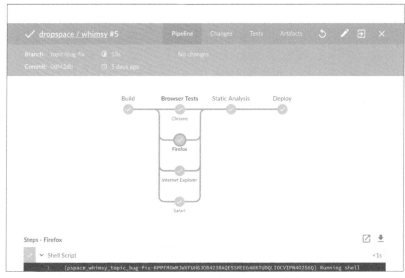

图 6-3　Blue Ocean 中 Pipeline 的定义

通过 Blue Ocean 的界面，用户定位问题的难度也大大降低，基本上不用在日志文件里翻找错误消息。同时，通过 Blue Ocean 中可自定义的仪表盘，用户可以只展示对自己有用的 Pipeline 信息，排除不必要的干扰，如图 6-4 所示。

Jenkin X 是基于 Jenkins 和 Kubernetes 实现的高度集成化的 CI/CD 平台，区别于以前 Jenkins 中单体应用的设计和文件存储系统，它是一个原生的云应用。同时，它能帮助团队解决微服务体系架构下云原生应用持续交付的问题，简化整个原生云应用的开发、运行和部署过程。Jenkins X 提供了更强的自动化能力，在提供了项目的基本信息（如开发语言）后，Jenkins X 就能自动生成包含持续集成管道的配置的 Jenkinsfile，自动生成 Dockerfile 并打包容器镜像，自动创建 Helm Chart 并运行在 Kubernetes 集群等。它还提供了手动和自动部署容器的功能。Jenkins X 还支持用户将所有的环境、应用列表、版本信息、配置信息统一放在代码库中实现版本控制等功能，以帮助团队实现 DevOps。

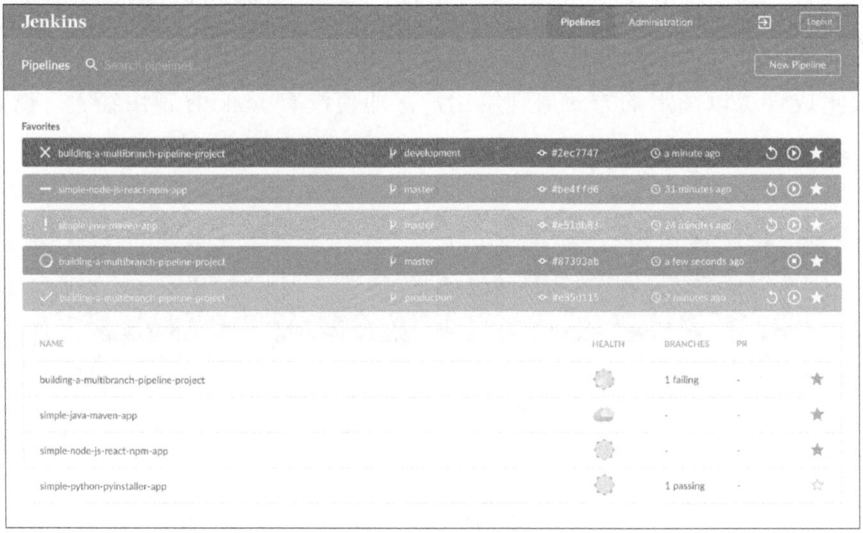

图 6-4　Blue Ocean 中的仪表盘

对于中小型团队来说，使用 Jenkins 来打造持续集成环境是比较经济的选择，尤其是 Jenkins X 对于 Kubernetes 的原生支持，让团队以很少的投入就能方便地体会到持续集成带来的好处，以及容器化在环境维护方面带来的便利。这里不继续介绍 Jenkins 部署和使用的详细步骤了，这方面的资源网络上有很多。下面主要详细描述京东质量团队是怎样基于容器环境建设持续集成系统的。

6.2　团队的实践

京东质量团队之前的测试环境是虚拟机，在实际使用过程中遇到了不少问题。随着团队规模的增长，作为测试服务器的虚拟机资源严重不足，并且目录设置混乱，导致了测试数据污染，甚至因存储空间不足而使服务器崩溃。2017 年，我们的测试环境逐渐迁移到了容器环境 JDOS。JDOS 提供了两种访问方式来部署测试环境。第一种方式是页面访问。这种访问方式很直观，但缺点就是用户需要手动进行每一个步骤：编译、构建镜像、创建分组、配置集群、集群上线等。这样的方式操作比较烦琐，效率也低。第二种方式就是通过 JDOS 提供的一组比较完备的 API。这种方式可以完成以上所有操作。基于这套 API，我们开发了适用于本部门的持续集成系统。

6.2.1 实现思路

这套系统是通过两步实现的。第一步，实现了一套自动部署系统，使团队成员能够方便地部署和管理测试环境，同时为实现持续集成系统提供基础环境。第二步，开发了运行单元测试与接口测试的服务和任务管理服务，和自动部署一起组成了持续集成系统。

整个系统的架构如图 6-5 所示。

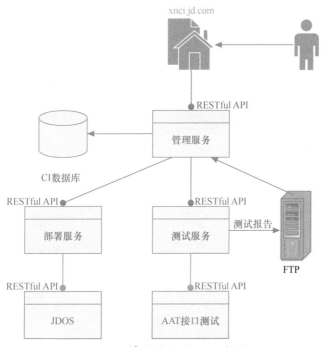

图 6-5 持续集成系统的架构

下面逐个对这些服务和模块进行介绍。

6.2.2 部署服务

部署服务的设计非常简单，其实就是通过调用 JDOS 的 API 将部署的过程串联起来。需要注意的是，JDOS 提供的 RESTful 接口都是异步的，因此在调用接口触发了一项耗时的任务后，需要以一定的频率调用相应的查询接口，进而判断前一个步骤的结果。自动部署的流程如图 6-6 所示。

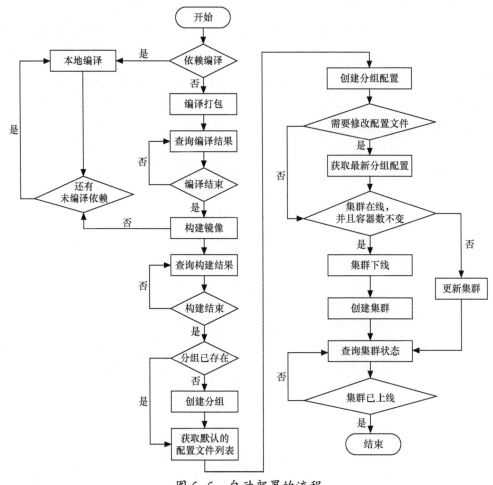

图 6-6　自动部署的流程

为了适应一些比较早期的项目，部署系统要解决一些模块间或应用间的依赖问题。这些模块没有上传到 maven 仓库，而是需要首先在本地编译被依赖的模块，添加到本地 maven 库中，然后编译需要依赖那个模块的应用，最后将应用部署到容器环境中。

解决本地编译的思路是不想依赖比较流行的 Jenkins 来管理从下载代码到编译、构建的任务。Jenkins 是很强大的任务调度平台，但是如果用在这里只解决了依赖编译问题，在功能上和性能上都是很大的浪费。

这时使用 jgit 来下载代码到指定的工作空间中。为了使每次构建的工作空间都不受污染，会建立新的文件夹作为工作空间。将这段 xml 代码粘贴到 pom.xml 中即可引入 jgit，如代码清单 6-2 所示。

代码清单 6-2　引入 jgit

```
1  <dependency>
2    <groupId>org.eclipse.jgit</groupId>
3    <artifactId>org.eclipse.jgit</artifactId>
4    <version>${jgit.version}</version>
5  </dependency>
```

代码清单 6-3 演示了通过 jgit 来配置用户名、密码、git 地址，以及复制代码到本地工作空间中。

代码清单 6-3　实现配置和复制

```
1  public static Path cloneRepository(Path workspace, String url,
       String branch, String username, String password) throws IOException {
2    Path workingPath = workspace == null ? createWorkSpace() : workspace;
3    logger.info("Start to clone git repository {}", sb.toString());
4    CredentialsProvider cp = new UsernamePasswordCredentialsProvider(username,
         password);
5    String exceptionMessage = String.format("Clone git repository repository
         %s of branch %s failed", url, branch);
6    try (Git git = Git.cloneRepository().setURI(url).setBranch(branch).
         setDirectory(new File(workingPath.toUri())).setCredentialsProvider
         (cp).call()) {
7      logger.info("Clone git repository repository {} of branch {}
           finished", url, branch);
8  } catch (GitAPIException e) {
9      logger.error(String.format("Clone git repository repository %s
           of branch %s failed", url, branch));
10 }
11   return workingPath;
12 }
```

引入 maven-invoker，如代码清单 6-4 所示。

代码清单 6-4　引入 maven-invoker

```
1  <dependency>
2    <groupId>org.apache.maven.shared</groupId>
```

```
3    <artifactId>maven-invoker</artifactId>
4    <version>${maven.invoker.version}</version>
5  </dependency>
```

然后进行本地编译，如代码清单 6-5 所示。

代码清单 6-5　编译代码

```
1   public static File buildMavenProject(Path workingPath, BuildJob job)
      throws MavenInvocationException, IllegalStateException {
2        logger.debug("Start maven build for git project {}", job.getGitUri());
3        InvocationRequest request = new DefaultInvocationRequest();
4
5        // 设置环境变量
   request.addShellEnvironment("JAVA_HOME",getJavaHome (job.getJdk()).
   getAbsolutePath());
6        request.addShellEnvironment("M2_HOME",getMavenHome(job.getMvnVersion()).
            getAbsolutePath());
7
8        // 设置 maven 的任务参数
9        request.setPomFile(new File(workingPath.toString() + "/" + job.getRootPom()));
10       request.setBaseDirectory(workingPath.toFile());
11       request.setJavaHome(getJavaHome(job.getJdk()));
12       MavenArgs args = parseArguments(job.getMvnCommand(), request);
         // 需要解析 maven 命令中的各个参数
13       request.setGoals(args.getGoals()); // 目标可能包含 clean、validate、
         //compile、test、package、verify、install、deploy 中的一个或多个
14       request.setProfiles(args.getActivateProfiles()); // -P 参数
15       request.setProperties(args.getDefines()); // -D 参数
16       request.setUpdateSnapshots(args.isUpdateSnapshots()); // -U 参数
17       request.setDebug(true);
18
19       Invoker invoker = new DefaultInvoker();
20       invoker.setMavenHome(getMavenHome(job.getMvnVersion()));
21
22       // 执行 maven 命令并获得结果
23       InvocationResult result = invoker.execute(request);
24
25       // 如果 ExitCode 不等于零，说明执行失败
26       if (result.getExitCode() != 0) {
27           logger.debug("Maven build failed for git project {}" + job.getGitUri());
28           throw new IllegalStateException("Maven build failed for " +
               job.getGitUri());
```

```
29          }
30
31          // 返回编译出来的包地址
32          File warFile = job.getWarPath() == null ? null : new File(workingPath.
                toString() + "/" + job.getWarPath());
33          logger.debug("Finished maven build for git project {}, package
                was placed {}", job.getGitUri(), warFile == null ? EMPTY_
                STRING : warFile.getAbsolutePath());
34          return warFile;
35      }
36 }
```

BuildJob 是包含编译相关的参数的对象，如代码清单 6-6 所示。

代码清单 6-6　BuildJob

```
1  public class BuildJob {
2      private String appName; // 应用名
3      private String username; // Git 用户名
4      private String password; // Git 密码
5      private String gitUri; // Git 地址
6      private String branch; // Git 分支
7      private int jdk; // JDK 版本
8      private int mvnVersion; //maven 版本号
9      private String rootPom; //pom.xml 文件的位置
10     private String mvnCommand; // maven 命令
11     ......
12 }
```

在手动部署的过程中，用户最少需要填 20 多个参数。然而，经过研究我们发现，对于一个确定的系统来说，在集群多次上线的过程中，绝大部分参数都不用更改。因此，可以自己设计配置脚本来保存编译构建和部署的参数，以达到复用和减少用户输入的目的，如代码清单 6-7 所示。

代码清单 6-7　配置脚本

```
1  {
2    "jdosDependencies":
     // 依赖编译，列表中每一个元素都是一个被依赖的模块，这些模块会按顺序依次编译
3    [{
4      "jobs":[{
5        "appName":"${appName}", // 模块名
6        "password":"${password}", // Git 用户名
```

```
7        "password":"${password}", // Git 密码
8        "gitUri":"${url}", // Git 地址
9        "branch":"${branch}", // Git 分支
10       "jdk":"${jdkVersion}", // JDK 版本
11       "mvnVersion":"${mvnVersion}", // maven 版本，可以是 2 或者 3
12       "rootPom":"${path}", // pom 文件路径
13       "mvnCommand":"${command}" // maven 编译命令
14    }]
15  }],
16  "systemName": "${systemName}", /* 系统名，由用户在 JDOS 中定义 */
17  "jdosAppProcesses": [ /* 定义系统下所有应用部署过程中的参数 */
18    {
19      "appName": "${appName}", /* 应用名，由用户在 JDOS 中定义 */
20      "javaGitCompileParam": { /* 应用的编译参数 */
21        "compileEnvironment": "linux", /* 编译环境的系统，目前只支持 Linux*/
22        "projectCode": "utf-8", /* 项目编码 */
23        "packageType": "maven-3", /*Java 应用都是通过 maven 管理依赖的，
                版本有 maven-2 或 maven-3*/
24        "gitUrl": "${gitUrl}", /* 项目 git 地址 */
25        "branchName": "${branch}", /* 分支名 */
26        "rootPom": "pom.xml", /* 编译的 pom 文件位置 */
27        "compileCommand": "${mvnCommand}", /*maven 编译命令 */
28        "jsfAliasProperties": "${jsfAliasProperties}", /* 配置 JSF
                框架中服务的别名 */
29        "targetPath": "${path}", /* 应用的抽包地址 */
30        "params": "${params}", /*mvn 后面的 -P 参数 */
31        "compileLanguage": "jdk-8", /*Java 版本 */
32        "systemName": "${systemName}"
33      },
34      "buildJavaImageParam": { /* 基础镜像的相关配置 */
35        "count": "1", /* 容器镜像内的 tomcat 实例数，推荐单实例 */
36        "repositoryName": "${repositoryName}", /* 编译后的镜像名 */
37        "selectImage": "${baseImage}", /* 基础镜像 */
38        "versionSuffix": "${versionSuffix}" /*版本后缀,可以帮助用户区分不
                同版本的构建 */
39      },
40      "createGroupParam": { /*创建分组的参数 */
41        "systemName": "${systemName}",
42        "appName": "${appName}",
43        "groupName": "${groupName}", /* 分组名，准确地说是分组的真名，
                所有的 RESTful API 都是通过这个名字操作已有分组的 */
44        "nickname": "${nickname}", /* 别名，这个名字会显示在分组的标签上 */
```

```
45            "desc": "${desc}", /* 对分组的描述 */
46            "environment": "${env}",
              /* 容器部署的目标环境，以 test 作为测试环境，以 prod 作为生产环境 */
47            "jsfStatus": "active", /* 是否自动上线 JSF 服务 */
48            "platformHosted": "true", /* 是否自动拉起容器，如果自动拉起，
              在容器出现故障后或者 JDOS 从系统故障恢复的过程中，容器会被重置 */
49            "region": "${region}" /* 选择机房 */
50          },
51          "createGroupConfigParam": { /* 配置分组 */
52            "systemName": "${systemName}",
53            "appName": "${appName}",
54            "groupName": "${group}",
55            "flavor": "${flavor}", /* 容器规格 */
56            "diskSize": 10, /* 容器的磁盘空间 */
57            "envs": [ /* 配置容器内的环境变量 */
58              {
59                "key": "${key}",
60                "value": "${value}"
61              }
62            ]
63          },
64          "createGroupConfigFileParams": [ /* 创建容器内的配置文件 */
65            {
66              "systemName": "${systemName}",
67              "appName": "${appName}",
68              "groupName": "${group}",
69              "filePath": "${path}", /* 文件路径 */
70              "fileContent": "${content}", /* 文件内容 */
71              "isImportant": "false" /* 文件是否加密 */
72            }
73          ],
74          "containerNumber": "${number}" /* 集群中容器的数量 */
75        }
76      ]
77  }
```

jdosAppProcesses 下面的那些应用的部署是多线程执行的，能节省大量的时间。经测试，如果一个系统由 5 个应用组成，通过自动部署服务只需要不到 6min 即可部署到测试环境上，比手动部署快 5 倍以上。

6.2.3　测试模块

测试模块的主要功能是运行单元测试并给出代码覆盖率报告，通过接口测试平台提供的 RESTful 接口来执行接口测试用例，并收集代码覆盖率报告。

单元测试会作为流水线的第一个任务执行，用户可以选择当单元测试失败时是否中止后续的任务。执行单元测试之前，会把工程代码下载到测试服务器上的工作目录里，通过执行 mvn test 命令完成单元测试。

可以用 Cobertura、Emma 或者 Jacoco 收集 Java 代码的覆盖率。关于这三者之间的区别和优劣，网上的很多文章已经给予了说明，这里就不多介绍了。选择 Jacoco 不仅是因为它还在持续更新中，而另外两个工具已经基本不再维护了。更重要的是，它支持多种收集代码覆盖率的方式，不仅可以用传统的字节码注入方式收集，同时它提供的非入侵式的 on-the-fly 方式，非常适合在容器环境中收集接口测试的代码覆盖率。

使用 ant 脚本驱动 mvn 执行单元测试，驱动 Jacoco 收集覆盖率。ant 脚本如代码清单 6-8 所示。

代码清单 6-8　收集代码覆盖率的 ant 脚本

```
1   <?xml version="1.0" encoding="UTF-8"?>
2   <project name="${repository}" default="unittest" xmlns:jacoco="antlib:org.
      jacoco.ant">
3     <description>
4         运行单元测试并收集覆盖率
5     </description>
6
7     <property name="jacoco.home" value="${jacocoHome}"/>
8     <property name="jacocoant.path" value="${jacoco.home}/lib/jacocoant.jar"/>
9     <property name="base.dir" location="${baseDir}"/>
10    <property name="code.dir" location="${base.dir}"/>
11    <property name="report.dir" location="${base.dir}/report"/>
12    <property name="exec.file" location="${base.dir}/jacoco.exec"/>
13    <property name="mvn.home" location="${mvnHome}"/>
14    <property name="mvn.mainclass" value="org.codehaus.plexus.classworlds.
        launcher.Launcher" />
15
16    <!-- 引入 Jacoco -->
17    <taskdef uri="antlib:org.jacoco.ant" resource="org/jacoco/ant/antlib.xml">
```

```
18        <classpath path="${jacocoant.path}"/>
19    </taskdef>
20
21    <!-- 清理工作空间 -->
22    <target name="mvn-clean">
23     <path id="classpath">
24        <fileset dir="${mvn.home}/boot">
25           <include name="plexus-classworlds-*.jar" />
26        </fileset>
27     </path>
28
29        <!-- ant 脚本不直接支持 Maven 执行，通过 Java 命令行调用 Maven -->
30     <java classname="${mvn.mainclass}" classpathref="classpath" dir="${code.
          dir}" fork="true" failonerror="true">
31        <jvmarg value="-Dclassworlds.conf=${mvn.home}/bin/m2.conf" />
32        <jvmarg value="-Dmaven.home=${mvn.home}" />
33        <arg value="clean" />
34     </java>
35    </target>
36
37    <!-- 执行单元测试 -->
38    <target name="mvn-test" depends="mvn-clean">
39     <path id="classpath">
40        <fileset dir="${mvn.home}/boot">
41           <include name="plexus-classworlds-*.jar" />
42        </fileset>
43     </path>
44
45        <!-- 在这个节点里面调用 Java 程序就可以收集覆盖率 -->
46        <jacoco:coverage destfile="${exec.file}">
47           <!-- ant 脚本不直接支持 Maven 执行，通过 Java 命令行调用 Maven -->
48        <java classname="${mvn.mainclass}" classpathref="classpath" dir="${code.
          dir}" fork="true" failonerror="true">
49           <jvmarg value="-Dclassworlds.conf=${mvn.home}/bin/m2.conf" />
50           <jvmarg value="-Dmaven.home=${mvn.home}" />
51           <jvmarg value="-DfailIfNoTests=false" />
52           <arg value="test" />
53           <arg value="-e" />
54           <arg value="${mvnProfile}" />
55        </java>
56        </jacoco:coverage>
57    </target>
```

159

```
58
59      <!-- 收集覆盖率的报告 -->
60      <target name="report" depends="mvn-test">
61          <delete dir="${report.dir}" />
62          <mkdir dir="${report.dir}" />
63
64          <jacoco:report>
65              <executiondata>
66                  <file file="${exec.file}"/>
67              </executiondata>
68
69              <!-- 指定对应的代码的编译出的字节码的地址 -->
70              <structure name="JaCoCo Report">
71                  <group   name="${module.group}">
72                      <classfiles>
73                          <fileset dir="${code.dir}/${module.name}/target/classes/"/>
74                      </classfiles>
75                      <sourcefiles encoding="module.encoding">
76                          <fileset dir="${code.dir}/${module.name}/src/main/java/"/>
77                      </sourcefiles>
78                  </group>
79              </structure>
80
81              <!-- 产生不同格式的报告 -->
82              <html destdir="${report.dir}" encoding="utf-8"/>
83              <!-- <csv destfile="${report.dir}/report.csv"/> -->
84              <!-- <xml destfile="${report.dir}/report.xml"/> -->
85          </jacoco:report>
86      </target>
87
88      <!-- 按顺序执行脚本定义的任务 -->
89      <target name="unittest" depends="mvn-clean,mvn-test,report"/>
90  </project>
```

需要注意的是 `<structure>`/`<group>` 节点。针对多模块的工程，需要为每个收集代码覆盖率的模块定义 `<group>`。在程序中，为了使脚本具有更强的通用性，可以使用 Thymeleaf 等模板处理工具来替换脚本中的信息或者扩展脚本，这里就不做过多说明了。接下来，用 ProcessBuilder 执行这个 ant 脚本，如代码清单 6-9 所示。

代码清单 6-9　执行 ant 脚本

```
1   String osName = System.getProperty("os.name").toLowerCase();
```

```
2     // 根据操作系统选择合适的 ant 路径
3     String cmd = "";
4     if (osName.indexOf("linux") >= 0) {
5         cmd = antHome + "/bin/ant.sh";
6     } else if (osName.indexOf("windows") >= 0) {
7         cmd = antHome + "/bin/ant.bat";
8     }
9     try {
10        // 通过命令行执行 ant 脚本
11        ProcessBuilder pb = new ProcessBuilder(cmd);
12        // 重定向日志
13        pb.directory(workspace.toFile())
14                .redirectOutput(new File(workspace.toString() + "/output.log"))
15                .redirectError(new File(workspace.toString() + "/error.log"));
16        Process process = pb.start();
17        // 验证执行是否成功
18        int exitVal = process.waitFor();
19        // 如果 exitVal 不为 0，则执行失败
20        if (exitVal != 0) {
21            logger.error("Coverage data collecting process not finished
                    with expected value, exit value is {}", exitVal);
22        }else {
23            logger.debug("Unit tests passed and coverage data collecting
                    process finished successfully");
24        }
25    } catch (IOException e) {
26        logger.error("Coverage data collecting process was failed
                with IOException thrown", e);
27    } catch (InterruptedException e) {
28        logger.error("Coverage data collecting process was failed
                with InterruptedException thrown", e);
29    }
```

接口测试的代码覆盖率收集和单元测试的有些不同。接口测试需要在测试环境部署之后针对新环境执行。接口测试的实现可能有不同的方式，不过共同点是一般情况下测试代码和应用系统代码不在同一个工程里。测试接口的方式已经在第 5 章详细介绍过了，在持续集成的过程中通过接口测试平台提供的 RESTful API。在这种情况下对于应用来说，就可以使用 Jacoco 的 on-the-fly 模式远程收集接口测试的代码覆盖率。这种模式不需要对应用程序的字节码进行注入，也不需要对应用做任何修改。以 Tomcat 作为中间件，只需要通过以下方法进行收集。

（1）在 JVM 的启动参数里加上 javaagent 的配置，然后启动应用，如代码清单 6-10 所示。

代码清单 6-10　配置 JVM 的启动参数

```
JAVA_OPTS="$JAVA_OPTS -javaagent:/export/Data/jacoco/jacocoagent.jar=
includes=*,output=tcpserver,port=8085${server.port},address=*"
```

（2）准备 ant 脚本，和代码清单 6-8 的区别就是，去掉了 <target name="mvn-clean"> 和 <target name="mvn-test">，在收集报告之前添加了以下节点，如代码清单 6-11 所示。

代码清单 6-11　执行收集代码覆盖率的脚本片段

```
1  <target name="dump">
2      <jacoco:dump address="${server.ip}" reset="false" destfile="${base.
       dir}/jacoco.exec" port="${server.port}" append="true"/>
3  </target>
```

server.ip 就是步骤（1）中应用服务器的 IP 地址，server.port 就是上面打开的端口。通过以上方式，实现了持续集成流水线的执行单元测试和接口测试并收集到了代码覆盖率。

6.2.4　任务管理服务

通过提供完备的接口，部署服务和测试服务可以各自完成自己的工作，但是要将流程串联起来，构成持续集成的流水线，就需要有另一个服务来管理和调度任务。首先支持 Web Hook 触发的持续集成任务，并跟踪产品代码的更改。代码是通过 Gitlab 管理的，如图 6-7 所示，在代码库中注册 Web Hook。

开发工程师提交代码到代码库后，Gitlab 会以 HTTP Post 方式向注册的接口发送代码库的更新信息，如代码清单 6-12 所示。

代码清单 6-12　Web Hook 数据体

```
1  {
2    "object_kind": "push",
3    "event_name": "push",
4    "before": "1cd2b697b63851f13bf1254329554da3a26e111c",
5    "after": "36a1a5d9785c808a2341840aef50baecfbd9a973",
```

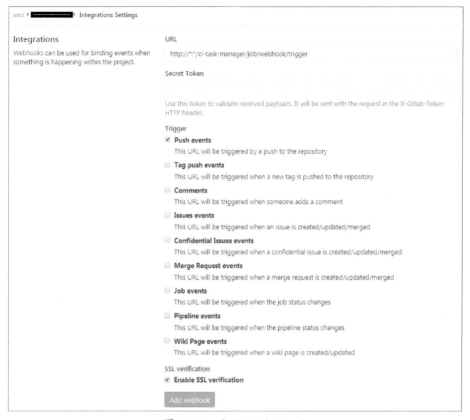

Integrations Settings

Integrations
Webhooks can be used for binding events when something is happening within the project.

URL
http://"":"/ci-task-manager/job/webhook/trigger

Secret Token

Use this token to validate received payloads. It will be sent with the request in the X-Gitlab-Token HTTP header.

Trigger
☑ **Push events**
This URL will be triggered by a push to the repository
☐ **Tag push events**
This URL will be triggered when a new tag is pushed to the repository
☐ **Comments**
This URL will be triggered when someone adds a comment
☐ **Issues events**
This URL will be triggered when an issue is created/updated/merged
☐ **Confidential Issues events**
This URL will be triggered when a confidential issue is created/updated/merged
☐ **Merge Request events**
This URL will be triggered when a merge request is created/updated/merged
☐ **Job events**
This URL will be triggered when the job status changes
☐ **Pipeline events**
This URL will be triggered when the pipeline status changes
☐ **Wiki Page events**
This URL will be triggered when a wiki page is created/updated

SSL verification
☑ **Enable SSL verification**

Add webhook

图 6-7　注册 Web Hook

```
 6    "ref": "refs/heads/master",
 7    "checkout_sha": "36a1a5d9785c808a2341840aef50baecfbd9a973",
 8    "message": null,
 9    "user_id": 4427,
10    "user_name": "***",
11    "user_username": "***",
12    "user_email": "***@jd.com",
13    "user_avatar": "http://git.jd.com/uploads/-/system/user/avatar/4427/avatar.png",
14    "project_id": 8533,
15    "project": {
16      "name": "***",
17      "description": "Automatic Deployment UI.",
18      "web_url": "http://git.jd.com/***/***",
19      "avatar_url": null,
20      "git_ssh_url": "git@git.jd.com:***/***.git",
```

```
21      "git_http_url": "http://git.jd.com/***/***.git",
22      "namespace": "***",
23      "visibility_level": 10,
24      "path_with_namespace": "***/***",
25      "default_branch": "master",
26      "ci_config_path": null,
27      "homepage": "http://git.jd.com/***/***",
28      "url": "git@git.jd.com:***/***.git",
29      "ssh_url": "git@git.jd.com:***/***.git",
30      "http_url": "http://git.jd.com/***/***.git"
31    },
32    "commits": [
33      ......
34    ],
35    "total_commits_count": 1,
36    "repository": {
37      ......
38    }
39  }
```

通过解析以上数据，读取代码库地址和分支名，判断是否有与定义相对应的持续集成（CI）任务。如果有，就会触发任务，在界面上可以就看到任务的状态，如图 6-8 所示。

图 6-8　CI 任务的状态

当任务结束后，就可以得到配置好的测试环境和测试报告了，如图 6-9 a 和 b 所示。

（a）测试环境

（b）测试报告

图 6-9　测试环境和测试报告

6.2.5　扩展

以上仅介绍了我们团队实现的最基本的持续集成过程，其实持续集成的内容和外延远不止这么简单。团队可以根据自己的需求在流水线上接入代码质量扫描工具（如Sonar），或者接入 Gerrit 来实现代码审查流程。这些扩展属于比较简单直观的，进一步地，可以通过将持续集成作为产品发布过程中的第一个环节，配合其他形式的自动化或手动测试以及审批流程，将其扩展为持续发布系统。如果再配合软件生命周期管理工具（如 Rational），就可以为团队打造出一个相对完整的 DevOps 环境了。

6.3　小结

持续集成对于采用敏捷开发模式的团队来说是非常重要的技术手段。在实施时需要根据自己的规模、资源以及环境来选取合适的实现方式。本章并没有详细介绍如何使用 Jenkins 来搭建持续集成环境，因为已经有太多的资源描述了如何使用Jenkins。这里介绍了我们团队在转型过程中开发的适应于内部容器平台的持续集成系统，抛砖引玉，希望这能给读者带来新的灵感，提供新的思路。

京东

第 7 章

刻意练习——众包开发模式

在完成前几章节的学习后，我们已经掌握了UI和接口测试以及相关框架的使用。随着在代码方面持续地进行刻意练习，团队代码能力也得到了进一步提升。作为测试开发人员，这时候要有使用技术解决实际痛点和难点的能力，通过开发效能辅助工具以提升效率和质量。众包开发模式是团队转型过程中有效的训练方式。本章会介绍众包开发模式，以及如何使用众包开发模式和团队竞争模式快速完成工具的开发。

7.1 什么是众包开发模式

在了解众包开发模式之前，我们先了解什么是众包模式。众包模式是指一个公司或机构把过去由员工执行的工作任务，以自由自愿的形式外包给非特定的人员。众包开发模式是指利用众包模式进行工程化系统开发。在众包开发模式下，通常由单人对同一系统或者同一模块进行完全开发。普遍情况是通过互联网以自愿的形式将企业内的任务转交给外部个人或群体。为了检验团队前期的学习成果，本节所述的众包开发模式指团队内部多人针对同一系统联合开发的形式，近似于结群编码。目的是使团队中更多的人参与到项目中，快速完成系统的开发。使用众包开发模式能快速将一个整体项目分拆为若干个独立的小功能，由不同的成员完成各个小功能的开发后，再进行整体的系统集成。因为京东质量团队内部转型过程中的学习都是在法定工作时间以外进行的，所以众包开发模式有利于团队成员碎片化时间的利用，通过真实项目的历练，快速提升团队人员的技能水平。

7.2 如何使用众包开发模式

要使用众包开发模式，要确定众包开发任务，明确众包任务参与者，构建从任务众包开发到系统集成上线的完整闭环。在众包开发的每个环节中不同角色的众包参与者各司其职。首先，洞察问题，发现工作中的痛点是测试开发工程师很重要的工作。然后，对问题进行深入的分析，思考如何通过技术手段来解决工作中的痛点并形成完整的解决方案。这一环节是众包开发模式的前提，解决了做什么和怎么做的问题。接下来，应用众包开发模式将解决方案细分为多个独立的开发任务，按照一定的开发标准召集众包开发者完成各个独立的任务。最后，由架构师对所有任务进行集成部署和上线。众包开发模式的流程详见图 7-1。

图 7-1　众包开发模式的流程

7.2.1　众包开发模式中的角色

下面介绍众包开发模式中的角色。

- **众包项目发布者**：在测试过程中发现问题的同时能够想到使用技术手段解决问题。比如，这个问题是否可以通过技术手段解决？谁可以协助实现该功能？发现问题后，经过思考，抛出公共性问题，参与解决方案的制订并跟进和验证问题的解决情况。

- **众包项目承接者**：参与众包项目中具体的开发工作，能够按照该众包项目统一的标准来完成独立模块的开发，并在后续的系统集成时给予支持。众包项目承接者是团队转型成员的主要参与者。

- **测试架构师**：参与众包项目的评审，梳理并实现技术方案，为参与众包项目的承接者提供必要的技术支持和培训，制订众包项目的开发标准，并在各模块完成后进行统一的系统集成和调试。

- **测试经理**：定期组织团队成员召开测试痛点分析会议，挖掘痛点问题并确定痛点问题的优先级，关注众包项目的质量。系统集成完毕后进行 UAT 验证，跟进众包开发成果上线后的使用情况，提出合理优化建议。

7.2.2　从挖掘痛点到工具化思维

除了要能够完成代码的编写之外，测试开发人员还要具备洞察问题的能力。洞察问题的过程就是发现问题的过程，洞察问题的方式有以下两种。

1. 真实案例复现法

所谓真实案例复现法是指在测试工作中随时洞察问题的方法。该方法大致涉及以下几个维度。

- 项目中遇到的最大难点是什么？
- 项目中哪个环节是最耗时？
- 工作任务中哪些环节的逻辑是最复杂的？
- 哪些环节是最容易出问题的？
- 针对出现的问题，后续如何规划？
- 项目中最核心的部分是哪些？
- 对于核心部分，是否有更好的保障方式？

一切问题都是围绕着如何提高效率和质量而提出的，所谓使我痛苦者必使我强大，谁先洞察到了问题，谁就最有可能先解决工作中的痛点。洞察问题的能力是测试开发工程师的必备技能。

2. 痛点挖掘会议

痛点挖掘会议一般采用项目复盘的方式来进行。项目完成后，通常由测试经理组织该项目的质量保障人员，针对从立项开始到项目上线过程中所遇到的问题进行复盘。在痛点挖掘会议中，一般以两种方法挖掘痛点：一是数据支撑法，二是归纳整理法。

（1）数据支撑法

- 获取项目从立项到结项过程中质量保障人员的相关数据并进行综合分析。
- 获取测试人员在项目中的用例数、缺陷数、项目提测时间、冒烟测试完成时间、项目上线时间等多维度数据，以洞察该项目在质量保障过程中存在的痛点和难点。

（2）归纳整理法

项目质量保障人员主动抛出项目过程中遇到的各种问题，由测试经理针对遇到的所有问题进行分类，然后根据问题的分类，总结出该项目存在哪几类问题。根据不同种类的问题，进行更深度的挖掘。

下面展示一个利用数据支撑法挖掘痛点的案例。

正常情况下，甲每天完成 20 个功能点的验证。提测时间为 2018 年 3 月 2 日。冒烟测试的时间也是 2018 年 3 月 2 日，冒烟测试中有 20 条用例，正常情况下 2018 年 3 月 2 日这一天肯定可以完冒烟测试。然而，实际中，冒烟测试的完成时间为 2018 年 3 月 4 日，多两天时间才完成了冒烟测试。再进一步分析，发现在冒烟测试的过程中，连续多个版本存在冒烟测试不通过的现象，导致冒烟测试延期了两天才完成。

项目的延期分析维度如表 7-1 所示。

表 7-1 项目延期分析维度

分析项	执行数据	备注
项目提测时间	2018 年 3 月 2 日	当天上午 10 点提测
冒烟测试中的用例数	20 个	仅核心功能
人均每天用例执行数	20 个	—
冒烟测试开始时间	2018 年 3 月 2 日	—
冒烟测试完成时间	2018 年 3 月 4 日	—
项目挂起时间	2018 年 3 月 3 日	挂起约 4h
项目上线时间	2018 年 4 月 5 日	—
冒烟测试阶段的版本数	6	—
冒烟测试中的缺陷数	5	—
总缺陷数	45	—
缺陷平均解决时间	3h	—
项目类型	中型	—
项目优先级别	高	战略项目，非常紧急，指定日期必须上线

（1）从痛点挖掘到工具化思维

通过对问题的深入挖掘，我们得出洞察结果：项目提测成熟度太低，导致冒烟测试阶段延期了两天。这是导致该项目最后延期上线的最主要原因。根据此洞察结果，我们得出分析结论：提升项目提测成熟度是我们避免以后上线延期主要的任务，这就是我们重点要解决的问题。痛点挖掘会议的参会人员一般为业务专家、技术专家、项目经理和测试经理等。参会的目的是分析项目周期内的运行状态，挖掘项目中的痛点、难点和重点，通过技术手段持续进行完善，最终实现质量和效率的提升。

（2）如何使用洞察结果

经过分析后，我们考虑用技术手段解决项目提测成熟度低的问题。我们决定开发一款小工具。这款小工具最大的特点可以从多个维度分析各团队的提测数据，并实时展示给团队中所有人，通过大家的监督来促使研发人员在提测数据前做好充分的单元测试和自测。发现问题后，通过技术手段去解决，在解决问题的过程中通过工具化思维解决当前问题，同时解决共性问题。这些是测试开发人员不懈的追求。

众包开发有以下两种模式。

（1）团队个人众包模式

作为众包项目承接者，团队每个独立成员参与项目的开发，由测试架构师设定统一开发标准，团队成员按照标准完成指定模式的开发，最后由测试架构师组织各模块的交叉测试和评审，并完成所有模块的集成。众包开发模式如图7-2所示。

图 7-2 众包开发模式

（2）团队竞争模式

团队竞争模式，是指将测试团队按照不同的技能水平、不同的工作经验和特长分为多个小组，各小组独立承担一个工具或系统的完整开发，包括从问题洞察到上线验证（全流程）的开发和测试工作。各小组有一名小组长负责工作任务的划分和进度的把控以及问题的协调。在一个周期内各小组负责开发功能不同而开发难度大致相同的工具或系统。最后由团队所有成员根据成果产出、时间、质量等维度共同投票选出最佳团队、最佳成果和最佳贡献者，及时鼓励并给胜利者团队或个人颁发奖杯。通过多个小组之间技能的竞争，加速团队中个人能力的成长。

7.3 使用众包开发模式开发合规助手的案例

首先，介绍项目的背景。《萨班斯 - 奥克斯利法案》（Sarbanes-Oxley Act，SOX 法案）对在美国上市的公司提供了合规性要求，上市公司不得不考虑控制包括 IT 风险在内的各种风险。

在 2017 年，根据 SOX 法案进行的内部合规抽查中，发现公司内的研发项目在内部审阶段存在不合规的情况，如部分项目研发阶段缺少代码评审，代码评审会议后没有及时发出代码评审会议纪要，上线后没有及时进行线上验证，上线后未发线上环境分离报告等情况。合规审计专员发现项目存在不合规时会对公司产生严重影响。我们需要在审计专员对公司项目进行审计之前，先在公司内快速完成不合规项目的排查和整改，及时杜绝此类问题的再次发生。

接下来，要洞察问题。如果发现公司内研发流程中存在不符合 SOX 法案规定的情况，就需要在公司内审阶段以技术手段快速完成项目 SOX 法案合规性检查，处理研发流程中不合规的问题，保障公司内所有研发项目符合 SOX 法案的规定。

1. 统一分析阶段

在统一分析阶段需要明确洞察的问题，以及针对问题的详细分析、方案的制订、概要设计以及模块的划分，同时建立标准的开发规范。针对公用部分，建立公共类，避免重复造轮子，达到快速落地的目的。

2. 问题分析和设计

团队中的项目研发流程在合规流程检查中存在多处不合规的情况。因此，首先要深入挖掘不合规项目存在的问题，通过对不合格的项目进行分析，发现在项目从需求到上线过程中普遍会存在的问题。

- 重要项目中缺少 UC 评审阶段。
- 用例评审会议纪要没有同步发送给项目主要干系人。
- 项目各评审阶段中，评审完成后一段时期内没有发送评审邮件。
- 项目上线后没有进行 UAT 测试。
- 项目上线后缺少环境分离报告。

然后，联系公司内部合规抽查干系人进行研发流程规范性需求的统一梳理。我们要解决的问题不仅包括上面被抽查出的问题，还要解决不符合规定但暂未发现的问题。我们要达到的终极目标是：让公司每一个项目完全符合研发流程的每一个要求，以满足 SOX 法案的规定。经过分析梳理和确认后，得出图 7-3 所示的项目研发流程图。

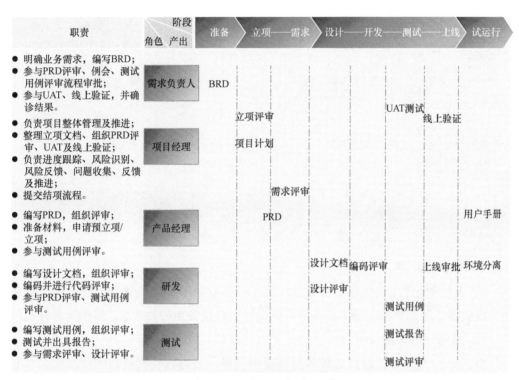

图 7-3　项目研发流程图

3. 制订方案

根据项目研发流程图，我们制订了研发方案：做一款小工具，它能够实时对所有研发中的项目进行流程跟踪监控，当项目不合规时它能够提醒指定角色的人去完成合规性流程，并实时显示当前所有项目的合规情况，确保研发流程中的每一个环节按照标准进行。

4. 众包任务分解

根据分析设计结果，对该系统进行模块划分，完成开发任务的分割。这里为了使更多的人参与到众包项目中，系统模块的划分粒度非常小。架构师将该系统分解为若干个独立的小模块，每个模块由独立的众包任务承接者进行开发，使参与的每个人了解自己所负责模块的功能并理解该功能在整个系统中的作用。图7-4展示了合规助手模块的分解。合规检查节点对应邮件主题应包含图7-4中的英文字符。

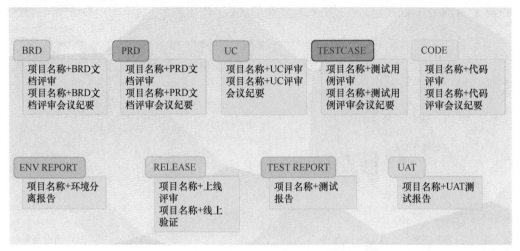

图7-4　合规助手模块的分解

5. 提供公共类

合规性的检查重点依赖邮件检测。为了便于众包参与者快速完成自己的工作任务，我们提供了邮件检测公共类，团队成员可以直接调用公共方法，避免重复开发。

6. 众包任务分配

首先，由架构师讲解众包任务所需要的技能，通过技能树的方式使众包参与者了解众包任务的难点和重点。然后，完成对该众包任务开发所需人员的招募，明确每个模块的开发周期和最后工具的整体上线时间。每一名参与众包模式的团队成员是单独的一个个体。当项目中一个成员未按计划完成任务时，会导致整体进度的延期。每个人对自己的模块的完成质量和进度负责。合规助手任务分配情况见表7-2。

表 7-2　合规助手任务分配情况

模块	开发者	众包分配时间	计划完成时间
BRD 检测	陈 *	2017 年 2 月 25 日	2017 年 3 月 2 日
PRD 检测	陈 *	2017 年 2 月 25 日	2017 年 3 月 2 日
开发设计文档检测	陈 *	2017 年 2 月 25 日	2017 年 3 月 2 日
测试用例检测	刘 *	2017 年 2 月 25 日	2017 年 3 月 2 日

续表

模块	开发者	众包分配时间	计划完成时间
代码评审检测	王 *	2017 年 2 月 25 日	2017 年 3 月 2 日
用户验收测试检测	宋 *	2017 年 2 月 25 日	2017 年 3 月 2 日
测试报告检测	王 *	2017 年 2 月 25 日	2017 年 3 月 2 日
上线通知验证检测	王 *	2017 年 2 月 25 日	2017 年 3 月 2 日
上线审批检测	张 *	2017 年 2 月 25 日	2017 年 3 月 2 日
环境分离报告检测	张 *	2017 年 2 月 25 日	2017 年 3 月 2 日
邮件副本和附件保存	周 *	2017 年 2 月 25 日	2017 年 3 月 2 日
固定周期文件清理	马 *	2017 年 2 月 25 日	2017 年 3 月 2 日
邮件提醒	张 *	2017 年 2 月 25 日	2017 年 3 月 2 日
合规浏览（Web 系统）证据下载	王 *	2017 年 2 月 25 日	2017 年 3 月 2 日

7．技术实现

众包模式中每个角色在合规助手项目中的任务和分工如下。

（1）测试架构师

参与制订 SOX 合规助手的开发标准，使团队每个人按照统一标准开发，避免分散的任务模块开发到最后无法集成或需要二次重构后才可以集成；组织项目开发过程中的代码评审和技术指导工作；当各模块开发完成后负责所有模块的集成和上线工作。当团队中没有测试架构师时，该角色可由测试经理和研发架构师共同完成。

（2）众包成员

参与合规助手具体某个单模块的开发工作，根据统一开发标准完成个人所承担模块的独立开发和自测工作；完成开发任务并协助架构师完成该模块与整个系统的集成工作；参与团队的交叉代码评审工作。

（3）测试经理

根据团队成员的技能，分配开发任务；定期检查每个人的开发任务完成情况；用好奖惩措施，即时鼓励和提供指导；对开发质量和进度负责。

8．集成部署

当各模块完成后，由测试架构师完成合规助手项目统一的集成，集成后按任务划分情况进行各模块间的交叉测试，确保合规助手整体质量。交叉测试完成后，进行系统的整体测试。完成合规助手的测试工作后，由测试架构师负责系统的部署上线。

9. 众包项目复盘

完成合规项目后，要召开项目复盘会，重点收集在独立模块开发阶段中的各种信息。比如，众包参与者遇到的问题有哪些？在开发阶段有哪些技能树是没掌握好的？有哪些好的经验可以分享？由测试经理组织会议并收集众包模式开发中的问题，跟进收集的问题并进行梳理，甄别团队目前要提升的技能点，在后续团队转型过程中有针对性地进行定制化课程的开发和培养。

注意，合规助手使用众包开发模式的意义重点在于通过使团队中更多的人参与到实际项目中，检验团队成员对知识的理解和运用程度，提升团队人员整体能力，同时真正解决工作中遇到的实际问题。因为团队成员的技能水平参差不齐，既要完成自己的质量保障工作，又要深度参与到众包开发任务中，所以团队首次尝试众包模式时会出现以下几种误区。

（1）开发效率有可能没有单独一个人开发的效率高，众包的意义在哪里？

使每个人参与到开发中是快速提升团队技能最好的方式，要关注团队整体技能的提升，而不是为了做而做。随着团队中每个人技能的提升，众包模式的开发效率一定高于个人开发，且项目难度越高，众包开发模式的效率越高。

（2）对众包开发任务来说，技术水平偏高的成员会觉得难度不大，收获不多。

在任务分配阶段，可以针对性地为技能高的众包任务参与者分配更有挑战性的工作。分配原则要有助于众包成员在项目开发中针对性地提升技能，通过对他们提出更高的质量要求以及更深的技术要求，促使其在众包开发项目中弥补短板，快速成长。同时可以安排他们为能力稍差的众包参与者提供技术支持。

（3）当众包任务中存在相似模块并且这些模块由不同众包参与者独立开发时，会出现众包成员之间对于相似模块功能互相抄袭的情况，这违背了使用众包模式开发的初衷。

众包开发模式的本质是希望更多的人参与进来，共同提高。为了避免众包成员之间相似模块的抄袭，在代码评审阶段，除了评审代码外，还要跟进核心代码的开发逻辑，通过连续询问，了解众包成员对自己所开发模块的理解情况。

（4）所有众包参与者都必须完成个人指定模块的开发之后才能进行集成，如何保障项目的进度？

确定合理的开发周期，设定开发阶段中的里程碑事件，通过定期沟通加强过程把控，当出现延期风险时及时给予指导。同时需要平衡众包参与者当前工作的饱和度，避免因参与众包开发任务影响当前测试工作。质量团队的转型和提升都是在 8 小时工作时间之外进行的，提升的前提是完成本职工作。在众包开发任务分配阶段，有针对性地安排一些相对简单的模块给项目进度压力大的众包参与者。当众包参与者项目进度压力大时，允许众包开发任务的适度延期。

7.4 众包开发之团队竞争模式探索

为了便于团队将所学知识能够更快地融入工作中，我们内部创建了多维度的训练场。比如，建立了测试实验室并提供了 http、WebService、RPC 等各种类型的服务供大家练习；建立了测试脚本训练代码库，要求团队成员在业余时间进行训练；建立了多种测试相关的框架（如接口测试框架、UI 测试框架、Mock 框架、小工具开发框架等），前期通过难度降维的方式方便团队成员快速地学以致用；通过系列的训练帮助团队成员解决会学不会写的问题。学习的过程只是方法和理论基础的系统培训，重点在于练习。从测试工程师到测试开发工程师的进阶，行业内普遍认为 25 000 行开发代码量是从测试进阶为测试开发的基本要求。对于业务测试人员，在保障现有业务系统质量的同时，思考如何用技术手段去解决测试中的问题，这就需要更多的训练场景。在多维度的训练场景中我们引入了团队竞争模式。通过小组成员的共同努力，开发一个在工作中切实可用的工具或系统，同时各小组之间产生了技能竞争，从而使原本枯燥的代码开发之旅多了一些趣味性。

7.4.1 团队竞争模式实施简介

要实施团队竞争模式，首先要确定好团队竞争规则。按不同团队成员的多维度因素进行分组，为每个小组设定组长和分配题目，确定各小组的交付日期，关注各个小团队竞争的形式达到学以致用的目的。本节将讲述如何使用团队竞争模式在 4 周的业余时间内快速完成 3 个小项目的开发、测试和上线。

7.4.2 竞争规则和任务分配

下面引出竞争规则。

（1）前置条件：所有参与者不能因为参与转型影响现有测试任务。

（2）技术栈：Java。

（3）时间：4周/纯业余时间。

（4）模式：多小组分别开发不同的工具。

（5）技术支持：每周三晚上两个小时，不回答怎么写，只回答解决问题的方法。

（6）结果：技术产出沉淀到团队小工具集中，供所有人使用。

下面讨论团队分组和任务选择。

按照技能水平和经验进行分组，指定一名技术和经验相对丰富的成员作为小组长。每个小组的成员不宜过多，以5～6名为宜。我们在转型过程中将团队划分成了3个小组：A、B和C可以按照代码能力、系统设计能力、需求分析能力、测试能力和其他能力进行分组。团队中A组成员的技能如表7-3所示。

表7-3　团队中A组成员的技能

人员代号	技能评价
张学霸	学习型人才，偏好技术研究，业务测试能力尚可
王运维	了解服务器，有运维技能
李业务	业务测试专家，代码能力薄弱
小赵	新入职员工，刚完成团队课程的学习，代码能力薄弱
老钱	完成了团队课程的学习，有一定的代码能力，业务测试专家

完成团队分组后，由3个组长通过抽签选择题目。选题的原则是要确保参与竞争的任务难度相当，并且所产出的成果可沉淀下来并在后续工作中使用。选择什么样的题目进行训练非常考验测试经理的洞察能力。图7-5展示了团队竞争模式下的任务。

团队竞争选题

 设计面试评价系统，用于进行简历管理、面试评价并记录相关信息。

① 系统名称自己指定。
② 进行简历管理。
③ 进行面试评价。
④ 动态发送邮件
⑤ 必须加入单点登录。

 设计电子积分墙，一个在团队间相互鼓励和奖励积分的平台。

① 系统名称自己指定。
② 积分发放和鼓励词设置。
③ 积分流转。
④ 必须接入单点登录。
⑤ 要工程化。

 设计测试设备管理系统，一个用于管理测试设备的小系统。

① 系统名称自己指定。
② 设备入库（包括记录设备信息、配置、设备登记人等信息，并可以生成设备二维码）。
③ 设备轮转（接入单点登录，扫描二维码，显示租借记录租借信息和时间）。
④ 查询（按照设备查询或者按照人查询。要出现流程图）。
⑤ 要工程化。

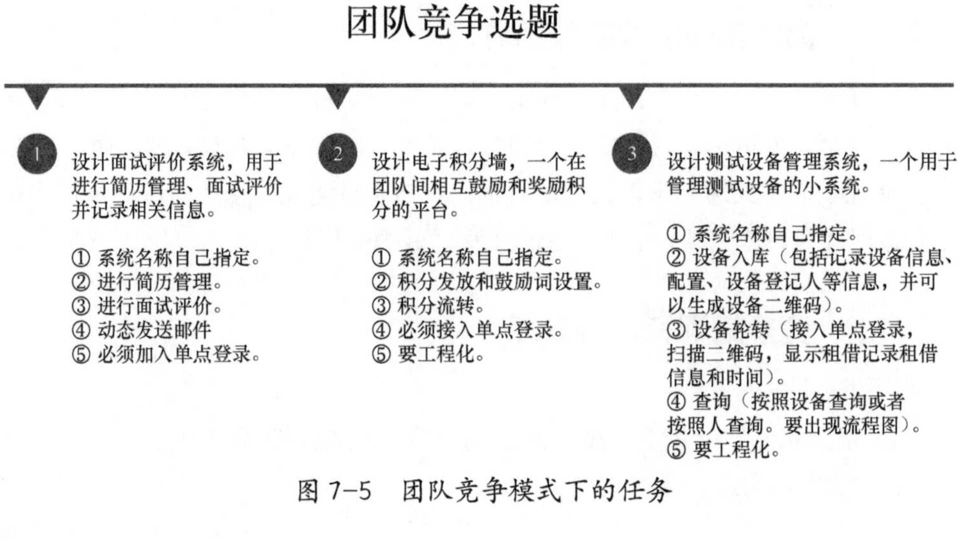

图7-5　团队竞争模式下的任务

7.4.3 过程跟进和结果评优

1. 团队竞争模式过程跟进

当团队竞争模式开始时，可以通过一次动员大会激发团队成员的积极性。在竞争周期内，跟进每个小团队的工作进度并进行分析，跟进遇到的问题。跟进过程中要关注以下几个要点。

- 明确各竞争项目的时间表和进度表。
- 明确竞争周期内各项目中存在的内外部依赖关系。
- 关注团队成员自身工作任务的压力和对竞争项目的投入时间。
- 明确各竞争项目中的里程碑事件。
- 关注竞争团队成员的情绪并及时进行疏导。

2. 成果展示和评优

四周的项目开发结束后，组织召开一次约两小时的成果展示会议。按图 7-6 所示规则进行各小组项目战果的介绍和演示（规则：每个小组 10 分钟，超时 1 分钟扣 1 分），各小组的初始分数为 100 分，未完成的团队默认初始分数 90 分。三个小组

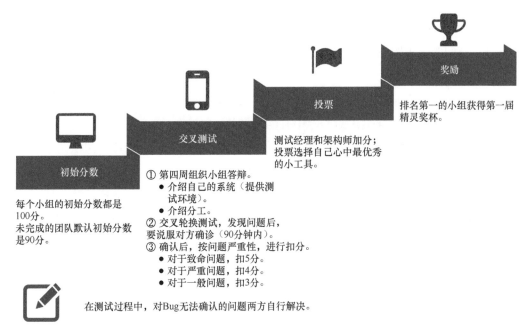

初始分数

每个小组的初始分数都是 100 分。
未完成的团队默认初始分数是 90 分。

交叉测试

① 第四周组织小组答辩。
- 介绍自己的系统（提供测试环境）。
- 介绍分工。
② 交叉轮换测试，发现问题后，要说服对方确诊（90 分钟内）。
③ 确认后，按问题严重性，进行扣分。
- 对于致命问题，扣 5 分。
- 对于严重问题，扣 4 分。
- 对于一般问题，扣 3 分。

投票

测试经理和架构师加分；投票选择自己心中最优秀的小工具。

奖励

排名第一的小组获得第一届精灵奖杯。

在测试过程中，对 Bug 无法确认的问题两方自行解决。

图 7-6　团队竞争模式下各小组项目成果展示规则

179

依次介绍自己小组的项目并发布自己的测试环境，然后进行三个小组之间的交叉测试（规则：时间是 30 分钟，超时一分钟扣 1 分，超时后所提 Bug 无效），按照发现问题的严重程度进行相应分值的扣减。完成第一轮的投票后，测试经理和架构师按照各项目的技术实现难度、实现结果、小组成员参与度进行投票，按最新一轮投票结果，排名第一的小组获胜。由测试经理为获奖小组颁发奖杯和荣誉证书。团队内部小组的竞争只是手段，提升能力才是竞争目的。

7.4.4　团队竞争模式复盘

在完成团队竞争模式下的项目开发后，测试经理要带领团队成员完成团队竞争模式的复盘。一要确定在整个竞争周期内团队中做得比较好的方面和案例，及时对表现出色的成员给予鼓励，将做得好的方面进行沉淀，为下一次团队竞争提供经验支持。二要重点梳理在团队竞争模式中出现的问题，以及团队成员的疑虑和遇到的问题，为后期团队转型的规划和设计提供参考。

团队竞争模式复盘中的核心要点如下。

- 最满意的是什么？
- 最大的收获是什么？
- 遇到的最大的困难是什么？
- 最大的遗憾是什么？
- 不满意的点有哪些？是否可以提供好的建议？
- 在下次团队竞争模式的实施中有哪些期待？

通过对团队竞争模式的复盘，了解团队成员在转型过程中的真实想法，这有利于后期团队转型规划和课程的及时调整。团队竞争模式为每个参与转型的成员提供了一个真实的训练场，在参与的过程中不仅能对自己的学习成果进行检验，同时还可以汇集小团队的力量，每个人发挥个人所长，共同为自己团队的项目添砖加瓦。团队竞争模式下产生的项目会在公司大的平台下公开对外提供服务，向外部提供的服务和访问数据的持续攀升，是对转型人员最大的肯定。

7.5　小结

本章主要讲述了众包开发模式以及如何使用该创新模式助力团队从测试到测试

工程师的转型。众包开发模式是团队转型阶段中团队成员快速完成项目的一种新的训练方式,从洞察问题到使用众包开发模式解决问题。众包开发模式可以通过将任务众包给多个独立的众包参与者,通过协同快速完成开发和集成。团队竞争模式是众包开发模式的升级版,通过各个不同团队之间针对难度相当的项目在技术、质量和进度上的竞争,既考量个人技术对项目的贡献度,又兼顾团队成员之间的协作。团队竞争模式一般出现在团队转型的后期,通过各小团队之间的竞争,激发团队成员的学习和参与热情。通过参与真实的项目找到自己的不足,通过相互协作提升解决问题的能力。众包开发模式使原来各自为营的功能测试人员有了更多交流和沟通的机会,使整个转型过程在枯燥的学习和实践中有了更多的趣味性和挑战性。

京东

第8章

技能导引——必知必会技能总结

8.1 Fiddler

Fiddler 是测试人员最常用的抓包工具。通过 Fiddler 可以查看 request 和 response 的相关信息，设置断点，修改返回等，这些功能大大提高了工作效率。

8.1.1 Fiddler 常用命令

Fiddler 的 QuickExec 功能可以通过命令，帮助快速定位会话。打开 Fiddler，在 Sessions 列表下方，有个黑色的文本框，通过 ALT+Q 快捷键可以快速激活文本框。下面介绍工作中常用的命令。

• =ResponseCode：快速选择指定的 HTTP 状态码。在文本框内输入"=404"，按下 Enter 键，Fiddler 会将会话列表中所有 HTTP 状态码为 404 的会话选中。

• =Method：快速选择指定的 HTTP 请求方法。在文本框中输入"=GET"（不区分大小写），所有 GET 请求的会话会被选中。

• @host：快速选择主机中包含指定内容的会话。如果在文本框中输入"@jd"，那么 jd.com、sale.jd.com 等会被选中。

• bold：将命令执行后，所有 URL 包含指定内容的会话加粗显示。在文本框中输入 bold static 后，新抓取的 URL 中包含 static 的将会加粗显示，输入命令前的会话即使符合条件，也不会加粗显示。

• ?search：搜索符合条件的 URL，在"？"后加搜索内容，即写即搜，命中的会话背景会被置灰，按下 Enter 键后，所有符合条件的会话被选中。

其他常用命令如下。

• cls 或 clear：清除所有会话。

• dump：保存所有会话。

• urlreplace A B：将 url 中的 A 替换成 B。

• select *：选择头信息中包含指定内容的会话。

• tail *：指定会话列表的行数。

• nuke：清空 WinINET 缓存和 cookie。

• quit：退出 Fiddler。

与断点相关的命令会在后续章节讲解。

8.1.2　Fiddler 常用功能

1. 显示服务器端主机地址

除了经常修改 CustomRules.js 来显示服务器端主机地址之外，还可以通过 Fiddler 中的自定义列功能来实现。右击会话列表的表头，从上下文菜单中选择 Customize columns，如图 8-1 所示。

从 Collection 下面的下拉列表框中选择 Session Flags，在 Flag Name 下面的文本框中输入"X-HostIP"，在 Column Title 下面的文本框中输入自定义名字"ServerHost"，单击 Add 按钮，如图 8-2 所示。这样就可以在会话列表中看到请求到服务器端的主机地址。通过此功能，还可以添加 User-Agent、Referer 等请求或响应的头信息。

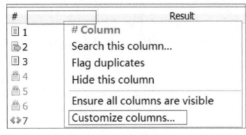

图 8-1　自定义列　　　　　　　　图 8-2　设置服务器端主机的信息

2. 标记会话

当通过会话定位问题时，常常需要依赖前后相关的会话信息，而无用的会话太多，使用标记功能可以将有用的会话标记为不同的颜色，便于快速查找。

发现有用的会话后，选择该会话并右击，从上下文菜单栏中选择 Mark。然后，选择需要定义的颜色，如图 8-3 所示。此时，这个会话将会加粗显示并变成指定的颜色。

3. 快速过滤

Fiddler 可以根据当前选定的会话生成隐藏 / 显示条件。选择指定的会话，右击并从上下文菜单中选择 Filter Now，这时可以看到 Fiddler 根据选择的会话生成了相应的规则，比如，隐藏来自 Chrome 的请求，显示 / 隐藏指定进程，隐藏指定域名等，如图 8-4 所示。

4. Fiddler 断点调试

使用 Fiddler 断点调试功能，可以修改头信息、请求 / 响应数据、模拟请求超时等，进而构造不同的测试场景。

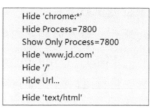

图 8-3　选择标记颜色　　图 8-4　显示 / 隐藏规则

通过在菜单栏中选择 Rules → Automatic Breakpoints 来设置断点。在菜单栏中

设置的断点拦截所有请求或响应，如
图 8-5 所示。

下面介绍 Automatic Breakpoints
选项后面的两个选项：Before Requests
和 After Response。

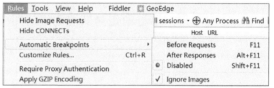

图 8-5　Rules 菜单

● Before Requests，在浏览器请求发送到服务器端前进行拦截，修改相关数据后，
发送到服务器端，服务器端根据数据返回内容。

● After Response，在响应返回浏览器前进行拦截，修改相关数据，浏览器接收
到伪造的数据后，呈现相应的效果。

如果选择 Before Requests，之后所有的请求都将被拦截。选择被拦截的会话，在
会话列表右侧，选择 Inspectors → WebForms，在此处可以修改请求参数，如图 8-6 所示。
在图 8-6 所示界面的下方，Break on Response 按钮表示在服务器返回时进行拦截，Run
to Completion 按钮表示继续运行，Choose Responses 下拉列表用于自定义返回的内容。

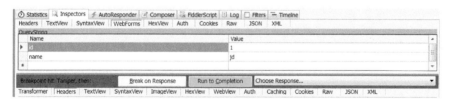

图 8-6　修改请求参数

8.2　Postman

Postman 是测试 HTTP 接口时常用的一款测试工具。它支持多种请求方法，可

用于设置环境变量与全局变量，创建测试集，自定义检查点等。熟练使用 Postman 可以提高测试人员的测试效率。

打开 Postman 软件，输入被测接口的 URL，单击 Params 设置请求参数，选择请求方法，如 "GET" "POST"，并单击 Send 按钮，于是一个简单的请求过程就完成了。发送完请求后，可以查看接口返回的 JSON 信息。下面介绍一些常用功能和使用技巧。

8.2.1 使用测试用例集管理被测接口

Postman 提供了 Collections 功能，这可以理解为一个测试集合。在 Postman 软件主界面右上角，单击创建测试用例集的图标，如图 8-7 所示。

图 8-7 创建测试用例集

在弹出的窗口中，填写集合名称和被测接口的描述。这样就创建了一个测试用例集。Postman 还支持在这个集合下继续创建目录，如图 8-8 所示。

图 8-8 集合下的目录

根据实际情况，将被测接口按类型归纳到一起。

8.2.2 验证接口的返回结果

Postman 不仅可以发送请求，通过 Tests 功能，它还可以验证返回结果的正确性。

在头信息编辑区域，选择 Tests（如图 8-9 所示），即可编辑脚本。

图 8-9　编辑脚本

在图 8-9 中，左侧面板为编辑区域，可以在其中编写 JavaScript 代码并对结果进行校验。右侧面板中提供了一些常用的测试脚本。这些脚本基本上可以满足日常的测试工作需求。单击相应的测试脚本，如"Response body：Contains string"，顾名思义，这用于校验在响应体中是否存在指定的文本。选择脚本后，脚本区域会自动写好样例代码，测试人员只需要稍加修改即可，如图 8-10 所示。

| Authorization | Headers | Body | Pre-request Script | Tests ● |

```
1   tests["Price是否存在"] = responseBody.has("Price");
```

图 8-10　校验 Price 字段是否存在

代码清单 8-1 给出了一些常用校验示例。

代码清单 8-1　常用校验示例

```
1   tests[" 返回内容为京东 "] = responseBody === " 京东 ";
2   tests["Response time 小于 200 毫秒 "] = responseTime > 200;
3   tests["Status code is 200"] = responseCode.code === 200;
4   postman.setEnvironmentVariable("key", "value");
5   postman.setGlobalVariable("key", "value");
6   var jsonObject = xml2Json(responseBody);
7   // 检查 json 值，接口返回内容为:
8   {
9     "status": 301,
10    "message": " 购买商品库存不足 ",
11    "lists": [11]
12  }
```

```
13 // 脚本示例
14 var jsonData = JSON.parse(responseBody);
15 tests["Your test name"] = jsonData.value === 100;
16 tests[" 状态码为301"] = jsonData["status"] == "301";
17 tests["message"] = jsonData["message"] == " 购买商品库存不足 ";
18 tests["list"] = jsonData["lists"][0] == "11";
```

注意，如果 tests["xxx"]xxx 在一个脚本中出现多次，那么只执行第一次出现的语句，所以不要重复。

8.2.3 使用变量解决接口间的相互依赖问题

在测试过程中，当前接口可能会依赖于其他接口数据，或者当通过 cookie 校验当前接口请求时需判断用户是否已经登录。可以通过 Postman 提供的环境变量 / 全局变量功能来解决这个问题。假设接口 B 的入参依赖于接口 A，那么可以创建一个测试工具集，然后保存 A 和 B 接口。注意在测试集中的顺序。在接口 A 的 Tests 里，获取需要的内容，并设置为全局变量。然后在 B 接口的入参中使用该全局变量。

例如，有一个登录页面 A 和一个登录接口 B，当 A 页面要请求 B 接口时，都要带上 A 页面 html 中特定位置的一个随机字符串，作为 B 接口请求体中的 token 值。

在测试集中创建 A，在 Tests 中获取 token 值，如代码清单 8-2 所示。

代码清单 8-2　获取 token 值

```
1  var pattern = /[a-z0-9A-Z]{40}/;
2  var _token = responseBody.match(pattern)[0];
3  postman.setGlobalVariable("_token", _token);
```

然后继续创建接口 B，在接口 B 的请求体中，输入 key：_token，Value：{{_token}}，这样当运行整个测试集时，从 A 获取到 token 值并设置全局变量，接口 B 请求就可以通过正确的 token 值去请求。

如果还有一个接口 C 依赖于 B 接口返回的 cookie，该怎么办？思路和方法是一样的。在 B 接口的 Tests 中获取 cookie，如代码清单 8-3 所示。

代码清单 8-3　获取 Cookie

```
1  for (var i=0;i<responseCookies.length;i++){
2  if (responseCookies[i]["name"]=="t" && responseCookies[i]["domain"]==
   " examples.com");
```

```
3                   var t_c = responseCookies[i];
4          };
5   var cookie = t_c["name"]+"="+t_c["value"]+";Max-Age=2592000; path=/;
        domain= examples.com.com; HttpOnly";
6   postman.setGlobalVariable("cookies", cookie);
```

环境变量另一个重要的用途就是切换不同的测试环境。相关教程很多，这里不再讲述。

8.3 Sikuli

8.3.1 Sikuli 简介

Sikuli 是由美国麻省理工学院开发的一种新编程技术，使得编程人员可以使用截图替代代码，从而简化代码的编写流程。编写脚本程序使用的是 Python 语言。在使用过程中不需要写出一行行代码，而是用屏幕截图的方式并结合简单的 API 完成测试脚本。Sikuli 可以直接操作截图来进行自动化测试。

Sikuli 的 IDE 需要 Java 运行环境。在安装 JDK 的计算机上，从 launchpad 官网下载对应的 setup 安装包，然后双击运行。在弹出的对话框中，选择要安装的程序，如图 8-11 所示。

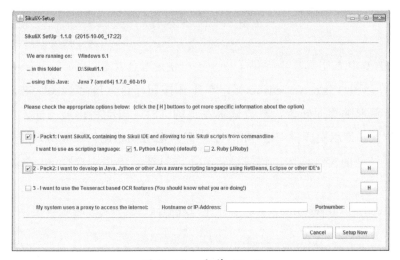

图 8-11 安装 Sikuli

选择图 8-11 所示的复选框后，单击 Setup Now 按钮，等安装完成后，就可以开始使用 Sikuli 了。

8.3.2　Sikuli 的 IDE 和脚本编写方法

Sikuli 的 IDE 提供了一个简易的脚本开发环境。默认的主界面由菜单栏、工具栏、侧边栏、编辑区、控制台和状态栏组成，如图 8-12 所示。

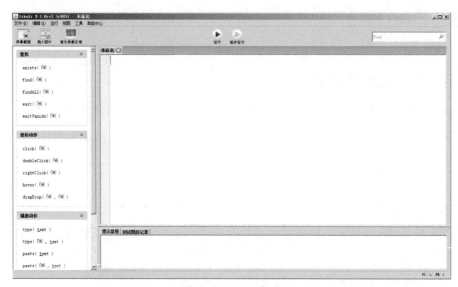

图 8-12　主界面

Sikuli 的 IDE 在工具栏中提供了以下 5 个快速操作按钮。

* 屏幕截图（Take screenshot）：单击该按钮，进入屏幕截图状态，拖曳辅助线选取需要截取的界面元素，释放鼠标左键的同时，自动将该截图插入编辑区中光标的当前位置。使用快捷键 Ctrl+Shift+2 也可激活截图状态，以完成对于弹出菜单、下拉框之类控件的实时截图。该快捷键亦可通过在菜单栏中选择 File → Preferences 进行自定义。

* 插入图片（Insert image）：除直接截图外，用户也可通过单击该按钮导入已有的 PNG 图片。

* 建立屏幕区域（Create region）：单击该按钮，进入屏幕区域选择状态，通

过拖曳鼠标选取屏幕区域。释放鼠标左键，即可将当前选中区域的屏幕坐标信息插入编辑区中。

- 运行（Run）：单击该按钮执行当前脚本。快捷键为 Ctrl+R。

- 慢速运行（Run in slow motion）：单击该按钮以较慢的速度执行当前脚本，以红色圆形外框显式地标识每一次的图像查找定位动作，便于在程序的调试过程中进行焦点追踪。快捷键为 Ctrl+Alt+R。

图 8-12 所示界面的左侧面板中分类列出了部分常用函数。单击函数名可快速将其插入编辑区中。若该函数需要以截图作为参数，则自动转入屏幕截图状态。下方的状态栏可用于查看当前行号与行首 Tab 键缩进的层级（列号）。

Sikuli 脚本遵循 Python 语法规范，其本身提供了多种自定义类及其自定义方法，详细介绍可参见其官方网站。由于 Sikuli 基于 Jython，其核心代码由 Java 编写，因此可在用户自定义的 Java 工程中将其作为 Java 标准类库进行引用。下面打开浏览器，以访问京东首页为例，来看一下 Sikuli 中的脚本编写结果，如图 8-13 所示。

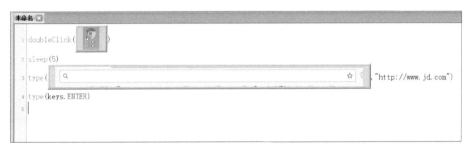

图 8-13　脚本实例

其中，doubleClick 表示双击对应的 Chrome 浏览器以启动它；sleep 表示让测试脚本等待 5s，等浏览器启动就绪；第 3 行的 type 表示在地址输入栏中输入测试地址；第 4 行的 type 表示按 Enter 键。

从上面的脚本和脚本的解释中可以看到，Sikuli 的接口和内置函数在帮助文档中描述得很详细，几乎没有什么学习成本，通过用户界面截图撰写脚本，直接明了。在脚本执行过程中，利用图像检索算法找到流程节点上每一步需要操作的控件，对其应用相应的鼠标或键盘操作。在编写脚本时，这种方式既无须关注复杂的应用程序相关 API，也不用获取 Web 内容对象。详情请参考官方文档。

8.4　简单快速的 Moco 服务

在开发过程中，经常会使用到一些 http 网络接口，而这部分功能通常是由第三方开发团队或者后端同事开发的，在开发时不能提供服务，更有甚者，要集成的服务在开发时还不存在。这为联调和测试造成了麻烦，常见的解决方案是搭建一个 Web 服务器。

8.4.1　为什么要开发 Moco 这个框架

Moco 就是针对这样一个特定的场景而生的。Moco 是一个简单搭建模拟服务器的程序库 / 工具，这个基于 Java 开发的开源项目已经在 GitHub 网站上获得了不少的关注。该项目的简介是：Moco 是一个简单搭建 stub 的框架，主要用于测试和集成。

Moco 本身支持 API 和独立运行两种方式。通过使用 API，开发人员可以在 JUnit、JBehave 等测试测试框架里使用 Moco，这极大地降低了集成点测试的复杂度。如果感兴趣，可以查看 Moco 在 GitHub 网站上的源代码。Moco 提供 HTTP API、套节字 API、REST API 服务。

Moco 的原理如下。

Moco 会根据一些配置，启动一个真正的 HTTP 服务（它会监听本地的某个端口）。当发起的请求满足一个条件时，就会收到一个应答。Moco 的底层没有依赖于像 Servlet 这样的重型框架，而是基于一个名叫 Netty 的网络应用框架直接编写的，这样就绕过了复杂的应用服务器，所以它的速度是极快的。本节将会介绍如何模拟 HTTP 服务。

8.4.2　Moco 环境的配置

Moco 环境的配置如下。

- 运行环境是 Java 运行环境。
- 软件版本是 moco-runner-0.11.0-standalone.jar。

要运行 Moco，请运行代码清单 8-4 所示命令。

代码清单 8-4　运行 Moco

```
java -jar <path-to-moco-runner> http -p <monitor-port> -c < configuration -file>
```

上述命令中各个选项的含义如下。

- <path-to-moco-runner>：moco-runner-0.11.0-standalone.jar 包的路径。

- <monitor-port>：http 服务监听的端口。

- <configuration -file>：配置文件的路径。

8.4.3　Moco 的启动

本节会介绍不同的 HTTP 服务，以及如何设置 JSON 文件的参数。

在本地启动了一个 http 服务器，其中监听的端口号是 12341，配置文件是 MocoApi.json。这只需要在本机发起一个请求，如 http://localhost:12341，如代码清单 8-5 所示。

代码清单 8-5　启动命令

```
java -jar "D:/ moco-runner-standalone.jar" http -p 12341 -c "D: \MocoApi.json"
```

1. 约定请求 uri

要约定请求 uri，JSON 脚本如代码清单 8-6 所示。

代码清单 8-6　约定请求 uri 的 JSON 脚本

```
1  [
2    {
3      "request": {
4        "uri": "/"
5      },
6      "response": {
7        "text": "Mocor A  Is Running"
8      }
9    }
10 ]
```

接下来，通过 Fiddler 验证 HTTP 服务是否启动（Fiddler 使用方法见 8.1 节），测试 GET 请求，如图 8-14 所示。

2. 约定请求 queries

要约定请求 queries，JSON 脚本如代码清单 8-7 所示。

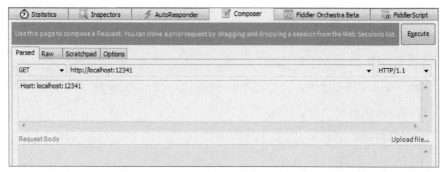

图 8-14　测试 GET 请求

代码清单 8-7　约定请求 queries 的 JSON 脚本

```
1   [
2     {
3       "request": {
4         "uri": "/test",
5         "queries": {
6           "username": "c"
7         }
8       },
9       "response": {
10        "text": "Mocor A  Is Running"
11      }
12    }
13  ]
```

接下来，通过 Fiddler 验证 HTTP 服务是否启动，继续测试 GET 请求，如图 8-15 所示。

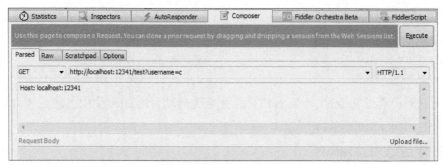

图 8-15　继续测试 GET 请求

3. 约定请求 method

要约定请求 method，method（GET）脚本如代码清单 8-8 所示。

代码清单 8-8　method（GET）脚本

```
1  [
2    {
3      "request": {
4        "method" : "get",
5        "uri": "/test"
6      },
7      "response": {
8        "text": "Mocor A  Is Running"
9      }
10   }
11 ]
```

接下来，通过 Fiddler 验证 HTTP 服务是否启动，测试 method（GET）脚本，如图 8-16
所示。

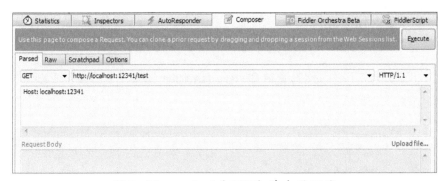

图 8-16　method（GET）脚本的测试

method（POST）脚本如代码清单 8-9 所示。

代码清单 8-9　method（POST）脚本

```
1  [
2    {
3      "request": {
4        "method" : "post",
5        "uri": "/test"
6      },
7      "response": {
```

```
8            "text": "Mocor A  Is Running"
9        }
10   }
11 ]
```

接下来，通过 Fiddler 启动验证 HTTP 服务是否启动，测试 method（POST）脚本，如图 8-17 所示。

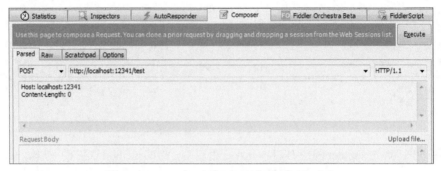

图 8-17   method（POST）脚本的测试

4. 约定请求 headers

要约定请求 headers，header 脚本如代码清单 8-10 所示。

代码清单 8-10   header 脚本

```
1  [
2    {
3      "request": {
4        "method": "post",
5        "headers": {
6          "content-type": "application/json"
7        }
8      },
9      "response": {
10       "text": "Mocor_XNTest"
11     }
12   }
13 ]
```

接下来，通过 Fiddler 验证 HTTP 服务是否启动，测试 header 脚本，如图 8-18 所示。

5. 约定请求 cookies

要约定请求 cookies，cookies 脚本如代码清单 8-11 所示。

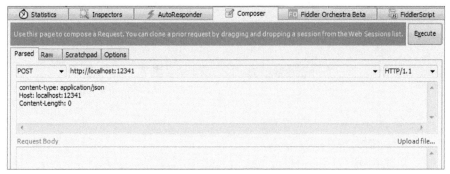

图 8-18　header 脚本的测试

代码清单 8-11　cookies 脚本

```
1  [
2    {
3      "request": {
4        "uri": "/test",
5        "cookies": {
6          "username": "c"
7        }
8      },
9      "response": {
10       "text": "Mocor A  Is Running"
11     }
12   }
13 ]
```

接下来，通过 Fiddler 验证 HTTP 服务是否启动，测试 cookies 脚本，如图 8-19 所示。

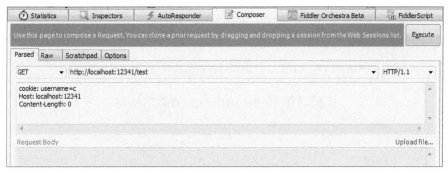

图 8-19　cookies 脚本的测试

6. 约定请求 forms

要约定请求 forms，forms 脚本如代码清单 8-12 所示。

代码清单 8-12　forms 脚本

```
1   [
2     {
3       "request": {
4         "method": "post",
5         "forms": {
6           "username": "c"
7         }
8       },
9       "response": {
10        "text": " Mocor_XNTest"
11      }
12    }
13  ]
```

接下来，通过 Fiddler 验证 HTTP 服务是否启动，测试 forms 脚本，如图 8-20 所示。

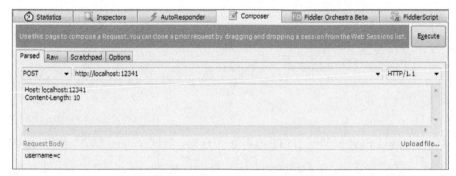

图 8-20　forms 脚本的测试

7. 约定请求 url(match)

要约定请求 url(match)，match 参数的脚本如代码清单 8-13 所示。

代码清单 8-13　match 参数的脚本

```
1   [
2     {
3       "request": {
4         "uri": {
5           "match": "/\\w*/mocor"
```

```
6           }
7         },
8         "response": {
9           "text": " Mocor_XNTest"
10        }
11     }
12  ]
```

接下来，通过 Fiddler 验证 HTTP 服务是否启动，测试 match 参数的脚本，如图 8-21 所示。

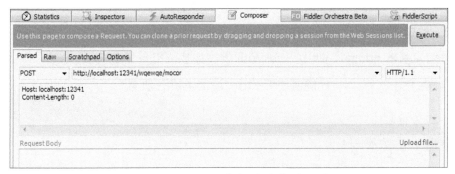

图 8-21　match 参数的脚本的测试

8. 约定请求 url(startsWith)

要约定请求 url(startsWith)，startsWith 脚本如代码清单 8-14 所示。

代码清单 8-14　startsWith 脚本

```
1   [
2     {
3       "request": {
4         "uri": {
5           "startsWith": "/mocor"
6         }
7       },
8       "response": {
9         "text": " Mocor_XNTest"
10      }
11    }
12  ]
```

接下来，通过 Fiddler 验证 HTTP 服务是否启动，测试 startsWith 脚本，如图 8-22 所示。

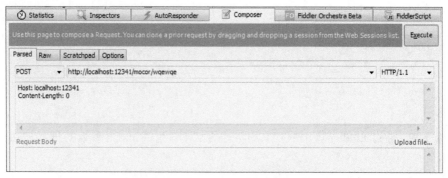

图 8-22　startsWith 脚本的测试

9. 约定请求 url(endsWith)

要约定请求 url(endsWith)，endsWith 脚本如代码清单 8-15 所示。

代码清单 8-15　endsWith 脚本

```
1   [
2     {
3       "request": {
4         "uri": {
5           "endsWith": "mocor"
6         }
7       },
8       "response": {
9         "text": " Mocor_XNTest"
10        }
11      }
12  ]
```

接下来，通过 Fiddler 验证 HTTP 服务是否启动，测试 endsWith 脚本，如图 8-23 所示。

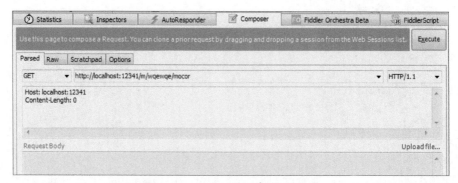

图 8-23　endsWith 脚本的测试

10. 约定请求 url(contain)

要约定请求 url(contain)，contain 脚本如代码清单 8-16 所示。

代码清单 8-16　contain 脚本

```
1  [
2   {
3    "request": {
4     "uri": {
5      "contain": "mocor"
6     }
7    },
8    "response": {
9     "text": " Mocor_XNTest"
10    }
11   }
12  ]
```

接下来，通过 Fiddler 验证 HTTP 服务是否启动，测试 contain 脚本，如图 8-24 所示。

11. 约定以指定 json 作为响应

约定以指定 json 作为响应的脚本如代码清单 8-17 所示。

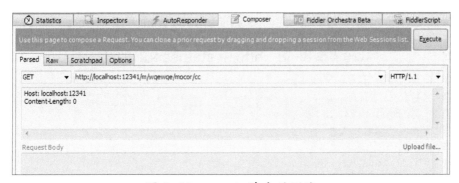

图 8-24　contain 脚本的测试

代码清单 8-17　以 json 作为响应的脚本

```
1  [
2   {
3    "request": {
4     "uri": "/"
5    },
```

```
6      "response": {
7        "json": {
8          "username": "mocor"
9        }
10     }
11   }
12 ]
```

接下来，通过 Fiddler 验证 HTTP 服务是否启动，测试以 json 作为响应的脚本，如图 8-25 所示。

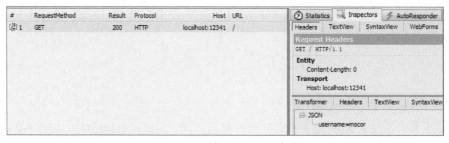

图 8-25　以 json 作为响应的脚本的测试

12. 约定响应 status

要约定响应 status，http 中 statuscode 的设置如代码清单 8-18 所示。

代码清单 8-18　http 中 statuscode 的设置

```
15 [
16   {
17     "request": {
18       "uri": "/"
19     },
20     "response": {
21       "status":200
22     }
23   }
24 ]
```

接下来，通过 Fiddler 验证 HTTP 服务是否启动，测试 http 中 statuscode 的设置如图 8-26 所示。

13. 约定响应 headers

要约定响应 headers，response 中的 headers 脚本如代码清单 8-19 所示。

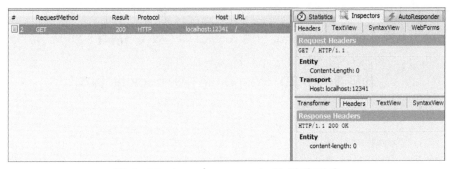

图 8-26　http 中 statuscode 设置的测试

代码清单 8-19　response 中的 headers 脚本

```
1   [
2     {
3       "request": {
4         "uri": "/"
5       },
6       "response": {
7         "headers": {
8           "content-type": "application/json"
9         }
10      }
11    }
12  ]
```

接下来，通过 Fiddler 验证 HTTP 服务是否启动，测试 response 中的 headers 脚本，如图 8-27 所示。

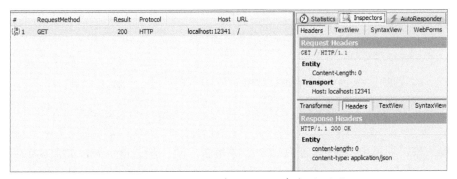

图 8-27　response 中 headers 脚本的测试

14. 约定响应 cookies

要约定响应 cookies，response 中的 cookies 脚本如代码清单 8-20 所示。

代码清单 8-20　response 中的 cookies 脚本

```
1   [
2     {
3       "request": {
4         "uri": "/"
5       },
6       "response": {
7         "cookies": {
8           "username": "chenlei"
9         }
10      }
11    }
12  ]
```

接下来，通过 Fiddler 验证 HTTP 服务是否启动，测试 response 中的 cookies 脚本，如图 8-28 所示。

15. 约定重定向 redirectTo

重定向脚本如代码清单 8-21 所示。

代码清单 8-21　重定向脚本

```
1   [
2     {
3       "request": {
4         "uri": "/"
5       },
6       "redirectTo": "http://xntest.jd.com"
7     }
8   ]
```

接下来，通过 Fiddler 验证 HTTP 服务是否启动，测试重定向，如图 8-29 所示。

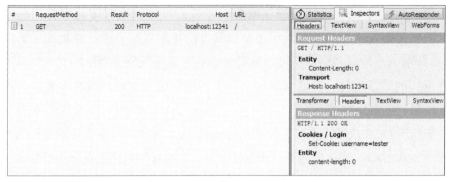

图 8-28　response 中 cookies 脚本的测试

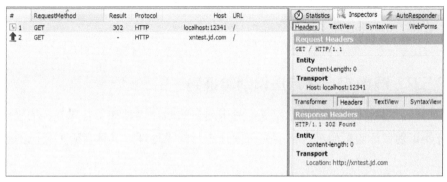

图 8-29　重定向的测试

8.5　识别验证码的 OCR 方法

8.5.1　应用 OCR

在测试过程中，有很多测试场景要求既不能屏蔽验证码，又要完成流程测试的自动化。因此，在有验证码存在的测试流程中一般有两种解决方案。其一是在流程中使自动化测试脚本在输入验证码的页面上停留，等待人工输入后继续运行；其二是运用验证码的识别技术自动填写验证码。显然，第一种方法并不能从根本上解决无人值守的问题，因此应用 OCR（Optical Character Recognition，光学字符识别）技术自动识别验证码的方法很常见。

OCR 是指电子设备（如扫描仪或数码相机）检查纸上打印的字符，通过检测暗、亮的模式确定其形状，然后用字符识别方法将形状翻译成计算机文字的过程。在 OCR 技术中，针对印刷体字符，采用光学的方式将纸质文档中的文字转换成为黑白点阵形式的图像文件，并通过识别软件将图像中的文字转换成文本格式，供文字处理软件进一步编辑加工。

要想应用 OCR 技术，需要先安装 Tesseract-ocr，这个软件是由谷歌维护的开源的 OCR 软件 tesserract。请从官网下载和自行安装，并将安装目录配置到环境变量中。

安装对应的开发 sdk，具体操作如代码清单 8-22 所示。

代码清单 8-22　安装对应的开发 sdk

```
1  pip install pytesseract
2  pip install PILLOW
```

8.5.2　调用 OCR 方法识别验证码

现在验证码技术也在不断地发展，越来越多的验证码都加了各式各样的噪声，因此在开始识别目标验证码前，需要先对图片进行降噪处理。具体代码如代码清单 8-23 所示。

代码清单 8-23　调用 OCR 方法识别验证码的代码

```
1
2  import pytesseract
3  from PIL import Image, ImageDraw, ImageEnhance, ImageOps
4  from pylab import *
5  import re
6  import os
7  import time
8  class captcha(object):
9      '''
10     OCR 方法识别出内容
11     '''
12     def __init__(self, picfilename):
13         '''
14         :param strpicfile: the picfile
15         '''
16         self.picfile = picfilename
```

```
17    def delsymbol(self, capstr):
18        r = '[^a-zA-Z0-9]+'
19        return re.sub(r, '', capstr)
20    def captcha(self, G=50, N=2, Z=8):
21        '''
22        获取验证码的文本 :clearNoise(50, 4, 4)
23        默认值是对于验码网的二维码尝试后得出的最优值
24        :param G: Integer 图像二值化阈值
25        :param N: Integer 图像二值化阈值
26        :param Z: Integer 降噪次数
27        :return: null
28        '''
29        # self.GetCaptchaPic()
30        self.image = Image.open(self.picfile)
31        self.image = self.image.convert("L")
32        self.image = self.Ops(self.image)
33        #self.image = ImageEnhance.Brightness(self.image)
34        #self.image = self.image.enhance(2.0)    ## 亮度增强
35        #bright_img.save(self.picfile)
36        #self.image = ImageEnhance.Sharpness(self.image)
37        #self.image = self.image.enhance(10.0)   # 锐度增强
38        #sharp_img.save(self.image)
39        #contrast = ImageEnhance.Contrast(self.img)   # 对比度增强
40        #contrast_img = contrast.enhance(2.0)
41        #contrast_img.save(self.save_file)
42        self.clearNoise(G, N, Z)
43        self.image.save(self.picfile)
44        vCode = pytesseract.image_to_string(self.image)
45        vCode = self.delsymbol(vCode)
46        if vCode == None or not vCode.strip():
47            vCode = '1'
48        return str(vCode)
49    def getPixel(self, x, y, G, N):
50        '''
51        二值判断，如果确认是噪声，用该点上面一个点的灰度进行替换
52        该函数也可以改成 RGB 判断的形式，具体看需求如何
53        :param x: 获取像素的 x 坐标
54        :param y: 获取像素的 y 坐标
55        :param G: Integer 图像二值化阈值
56        :param N: Integer 降噪次数
57        :return: null
58        '''
```

```
59          L = self.image.getpixel((x, y))
60          if L > G:
61              L = True
62          else:
63              L = False
64          nearDots = 0
65          if L == (self.image.getpixel((x - 1, y - 1)) > G):
66              nearDots += 1
67          if L == (self.image.getpixel((x - 1, y)) > G):
68              nearDots += 1
69          if L == (self.image.getpixel((x - 1, y + 1)) > G):
70              nearDots += 1
71          if L == (self.image.getpixel((x, y - 1)) > G):
72              nearDots += 1
73          if L == (self.image.getpixel((x, y + 1)) > G):
74              nearDots += 1
75          if L == (self.image.getpixel((x + 1, y - 1)) > G):
76              nearDots += 1
77          if L == (self.image.getpixel((x + 1, y)) > G):
78              nearDots += 1
79          if L == (self.image.getpixel((x + 1, y + 1)) > G):
80              nearDots += 1
81          if nearDots < N:
82              return self.image.getpixel((x, y - 1))
83          else:
84              return None
85      def clearNoise(self, G, N, Z):
86          '''
87           降噪
88          :param G: Integer 图像二值化阈值
89          :param N: Integer 降噪率 0 <N <8
90          :param Z: Integer 降噪次数
91          :return:
92          0: 降噪成功
93          1: 降噪失败
94          '''
95          draw = ImageDraw.Draw(self.image)
96          for i in xrange(0, Z):
97              for x in xrange(1, self.image.size[0] - 1):
98                  for y in xrange(1, self.image.size[1] - 1):
99                      color = self.getPixel(x, y, G, N)
100                     if color != None:
```

```
101                          draw.point((x, y), color)
102      def Ops(self, image):
103          '''
104          增强对比对
105          :return:
106          '''
107          im = ImageOps.autocontrast(image, 10)
108          return im
```

8.5.3 验证程序

在网上找到的测试验证码的图片如图 8-30 所示。

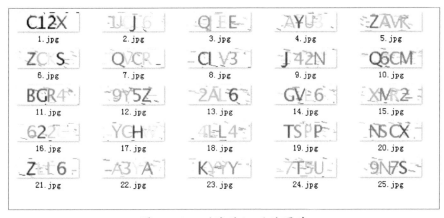

图 8-30 测试验证码的图片

通过去躁处理后的图片，如图 8-31 所示。

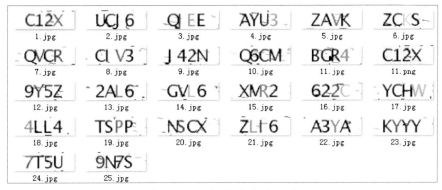

图 8-31 去噪后的验证码

现在调用 OCR 方法就可以识别出对应的内容了。具体代码如代码清单 8-24 所示。

代码清单 8-24　调用 OCR 方法进行识别

```
1  strImg = os.path.abspath('.') + '/pic/x.jpg'# x 是图片名称
2  cap = captcha(strImg)
3  print cap.captcha()
```

8.6　小结

本章介绍了测试开发中一些需要了解的零散知识点，包含了方便的抓包工具
Fiddler，简单易用的接口测试工具 PostMan，快速的图形化脚本自动化测试工具
Sikuli，以及在测试过程中常用于解决依赖的 Moco 工具。最后介绍了识别验证码的
OCR 技术。本章旨在介绍一些必学必用的测试工具和方法，它们有助于解决测试过
程中的大问题。

京东

第 9 章

团队转型回顾与管理

9.1 拥抱变化，提升团队士气

9.1.1 拥抱变化

现在的社会发展越来越快，人们的生活节奏也越来越快，尤其对于互联网公司来讲，变化非常之快，只有快速地应对变化，才能在残酷的商业竞争中生存下去。其实变化不只是针对集体，个体也要在环境的快速变化中找到自己的应对之策。作者根据所在公司中团队如何快速调整并以良好的心态去迎接周边环境的变化，本节阐述团队在快速变化的过程中如何积极面对、快速响应（见图9-1）。

1. 团队面临的挑战

2017年年初，公司调整战略，作者所在的研发部门分为了前台、中台。团队成员也面临组织架构调整及业务闭环带来的人员流动。团队成员被分流到各个业务体系以支援业务系统搭建，团队规模也相应地缩减。第一次面临这么大的调整，团队中每个成员都会有各种各样的想法，办公室到处充满着别样的情绪，每个人都在担心自己的工作，个人未来的规划也受到此次调整的影响。还有少数人在考虑是否要离职，换个环境。这种气氛对于团队士气

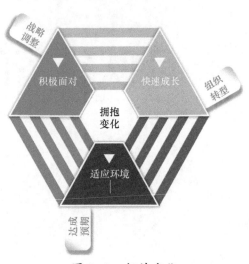

图9-1 拥抱变化

的打击也非常大，一度导致部分团队成员无法正常工作。此时，对于团队的管理者来说，如何应对公司的变化，如何疏导员工正确地认识变化，适应变化，并积极地投入到新的工作中去，是一个非常大的挑战。这需要管理者要有清醒的头脑、大局意识以及正确的战略理解，并将它传达给每一个团队成员。

2. 直面应对，调整心态

作者本身也经历过非常频繁的组织及业务调整，记得最频繁的是一年之内四次调整，工位都搬了好几次。刚开始确实也不适应，也有抱怨，但是每次调整完以后也会试着去想公司为什么要这么做，这么做能给公司带来什么好处，对于个人又有

哪些机遇与挑战。在变化极快的电商时代，如果公司不能及时地做出调整，很可能会被竞争对手超越。要想保证公司业绩的高速增长，势必会做出各种各样的调整，但是目的只有一个，就是使公司的发展越来越好。对于个人来讲，通过不断变化，改变墨守成规的工作方式，提升快速应变的能力，同时对于自身的技术能力也提出了更高的要求，也会强迫自己去学习，去适应公司的变化。面对这种情况，作者把自己的亲身经历及各个阶段的心理变化及适应过程传递给每一名员工，让他们能够清晰地认识到公司战略调整对于个人带来的各种收益。只有调整好心态，以更加积极的态度去面对工作，才能与公司一起成长。当然，在这个过程中，个人也能享受公司快速发展所带来的各种利好。

3. 提升技术能力适应变化

通过现身说法，团队成员从心态上渐渐适应了这种变化。但是这次调整对于团队成员的技术能力及软实力，也提出了更高的要求，所以团队转型也随之出现。如果不持续去学习、去成长，就不能适应环境变化。对于测试工程师来讲，未来只会做功能测试是远远不够的，还需要具备良好的编码能力、自动化测试能力、接口测试脚本的编写能力等。在正式开始转型之前，我们让所有员工进行了一次线上的 Java 知识学习与考核，共投入将近 800 分钟。大家都利用业余时间进行学习。通过此次学习考核，我们了解了团队中每个员工的代码基础，从而可以针对性地设计培训课程。

通过前面介绍的系列化培训课程，团队成员已基本具备对于快速变化带来的挑战的应变能力及问题解决能力。只有员工及团队的不断成长壮大，才能适应公司快速发展所带来的各种调整，才能做到变化到来时的泰然处之。

9.1.2 情绪管理

团队转型势必会带来很多的变化与不确定性，团队成员的情绪波动也会比较大，因为每个人的基础能力及个人意愿都不同，所以如何适时地调整和缓解团队成员的情绪就成为团队转型管理中很重要的一部分工作。这对于管理者来说也是一个很大的挑战。

先说一下为什么要进行情绪管理。拿破仑曾经说过："能控制好自己情绪的人，比能拿下一座城池的将军更伟大。"我们从中可以看出管理好一个人的情绪是多么重要。员工在相对稳定的环境中情绪波动会比较小，但是如果在团队的转型中，情绪波动就会比较大。出现这样的情况，一定要及时告诉团队成员为什么要转型，转型的目的是什么，转型能给大家带来什么样的好处，只有大家认清形势，达成共识，才有利于情绪的进一步调整。

情绪管理，其实与每个人的性格有很大的关系。平时一定要善于观察，要与成员多沟通，要有同理心，让员工感觉到被关怀、被重视。作者所在的团队，目前一共有 25 人，新老员工几乎各占一半，基本上每一个成员平时的工作状态都是按部就班，按照既定的流程规范工作。随着公司的战略调整及业务闭环，每一个成员原有的工作方法与具备的测试技能需要快速地升级，以满足公司战略发展的需要。刚开始说到转型，每一个成员都是一副很迷茫的样子，因为不清楚需要如何转型，转型会不会影响目前的工作。在转型开始之前，组织员工一起观看了励志短片《鹰之重生》，让每一个成员能清楚地认识到转型的重要性和转型的决心，每个人都要为之付出千百倍的努力甚至更多。另外，也跟每一个成员分享了目前测试行业的现状以及未来测试工程师的发展前景，不论是基于公司战略还是个人发展，转型都势在必行。

员工的工作是在管理者的领导下进行的，如果管理者的情绪管理能力较差，那么当员的情绪出现问题时，管理者就很难帮助员工解决问题。相反，高效的情绪管理则会驱动高绩效的产生。作者总结的六种情绪管理方法如图 9-2 所示。

* 同理心：换成自己应该怎么做，站在对方的角度去想问题，并考虑事情是如何理解的，以及怎么做才能让他们心平气和。

* 沟通反馈：沟通反馈是经理人必须具备的能力之一，及时有效的沟通反馈才能让员工心平气和地明确自己的职责，以更加积极的心态去面对任何挑战。

* 应急管理：面对突发情况进行有效的应急管理，这也可以转化为工作绩效。冲突能够暴露问题，有助于及时解决问题。

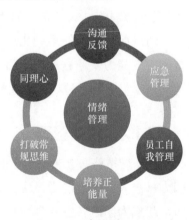

图 9-2　情绪管理方法

* 员工自我管理：要学会放松，设计自我管理的情绪语言，例如，"不生气，生气就是拿别人的错误惩罚自己""我很棒我做得很好"，等等。

* 培养正能量：身为管理者，就需要经常通过自我反思，消除负能量，训练自

己的大脑尽可能地做出理性反应，增强正能量。

- 打破常规思维：把那些让自己心神不安的问题——列举出来，重新梳理一遍，就会发现自己和员工都已经思路清晰。比如，问题 = 机会，不断地解决问题才会有展示能力的机会；工作多 = 机会多，做的工作越多，经验就越多。

总之一句话，必须让员工清醒地认识到，带着情绪去工作不但是个人心态问题，而且是工作态度，甚至是职业道德问题。让其意识到通过及时有效的情绪调整，能够让自身得到益处从而高效地工作。

9.2　过程管理与达成预期

过程的定义是一组将输入转化为输出的相互关联或相互作用的活动。

要注重目标导向、过程把控。团队转型不是一蹴而就的事情，转型之前要确定预期效果。为了保证预期结果能够顺利达成，要经历一系列的过程。这些过程是否顺利，其中的效果是否理想，直接决定了转型的预期效果是否能顺利达成，所以转型期间的过程管理就显得尤为重要。

9.2.1　过程管理

1. 在过程管理之前：达成目标共识，制订计划

团队转型是目标驱动的，所以明确目标的重要性不言而喻，而且一定要说明制订目标的原因及达到预期后能带来的成效。对于转型目标，需要团队所有成员达成共识。目标制订过程需要重视团队成员的参与与认同感。具体做法包括组织团队成员以集体会议、头脑风暴、匿名建议等方法来挖掘工作中的痛点、难点、亟待解决的问题，调研团队成员想要提升的技能，想要提升的能力有哪些，等等。然后，结合实际工作中的具体情况、业务需求、公司战略部署规划等因素来制订转型目标，明确提升哪些方面，弱化哪些方面。全面发展与提升是一个趋于完美的结果，但是团队转型必须要有所取舍，不要追求大而全，而是要术业有专攻。当转型目标通过一系列的过程最终确定下来后，下一步就要确定为了达成这些目标具体要怎么做，要做什么，也就是制订计划。计划的制订要考虑多方面的因素，例如，团队成员现阶段的技术水平、团队成员不同的学习能力，团队未来一段时间的工作强度，还需

要找到固定的合理的时间来进行一系列的学习活动。同时，还要计划需要掌握哪些新的技能，这些技能需要掌握的程度，确定学习的顺序及节奏。计划中还要包含计划临时变动的备选方案。过程管理的细节如图 9-3 所示。

2. 过程管理之反馈渠道

转型目标确定且转型计划制订完成后，下一步就是要真真正正地开始实施计划了。然而，制订计划通常是难以考虑周全的，因为制订计划的是人而不是超级计算机，在实际实施计划的过程中一定会暴露问题。有问题并不可怕，恰恰相反，如果不出现问题才是最有问题的。发现问题并解决问题，保证计划顺利实施才是关键。那么怎么才能快速发现问题呢？建立有效的反馈渠道显得尤为重要。作者所在团队在转型期间建立的反馈渠道采用了以下两种模式。

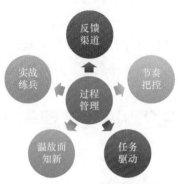

图 9-3 过程管理的细节

- 为保证及时反馈，安排了专职人员进行问题收集。转型期间的任何问题和意见团队成员随时可以反馈，并且在 24 小时内会给予答复。这样做既保证了问题反馈的及时性，同时也大大增加了团队成员的参与感与被重视感，并提升了他们的积极性。

- 在固定时间内集中反馈问题。时间定在每次学习培训之后，团队成员一起反馈转型过程中出现的问题。这样做的好处是可以集中解决共性问题，提高解决问题的效率，还可以增加团队成员之间的互动，形成良好的学习氛围，提升学习的效率。

3. 过程管理之节奏把控

团队转型过程中一些基本的知识储备并非都是在培训课程中完成的，有些知识是需要在学习之前提前准备的。基于上述原因，我们的团队在转型过程中采用了"线上学习"+"线下培训"的模式。此种模式的好处是可以提高效率，缩短转型周期，加速转型的完成。然而，凡事都有两面性，这种模式的缺点是难以保证大家的进度一致。另外，在制订计划时也包含了学习的顺序及进度，因此在转型过程中就需要尽可能地按照既定计划执行，但是难免会出现突发情况，打乱原来的计划。这时候就需要根据当时的具体情况做出相应的调整，只有这样才能保证转型的进度，达成预期的效果。所以在过程管理中节奏的把控是必不可少的，我们在转型期间采用了以下两种方式进行节奏的把控和调整。

• 对线上的学习进度采用提前通知、定期检查的方式。将整个转型期间需要线上学习的知识提前全部分享给团队所有成员，并制订线上学习计划，确保线上学习部分不会成为转型的瓶颈。同时，按照学习计划制订里程碑，定期检查目标达成情况。对于进度慢的同学，根据千人千法的原则，通过沟通了解问题并解决问题，帮助他们赶上进度。把线下培训课程需要用到的知识会提前告知团队成员，使他们优先熟悉该部分知识为线下培训做好准备，确保培训效果最大化。

• 针对线下的培训采用按计划执行＋根据效果调整的方法。因为团队转型中线下培训的时间都是用员工工作之外的时间，所以本着培训效果最大化以及对员工的尊重，最好按照既定计划进行线下培训。因为转型目的是使团队成员能够真正掌握所培训的技能并能够顺利应用到实际工作中，所以其中还要根据培训内容的难易程度、成员掌握情况进行适时的调整。比如，增加临时的集中答疑环节，根据难易程度增加及减少消化时间，调整培训间隔等手段，来保证进度及效果。

4. 过程管理之任务驱动

团队转型不是为了转型而转型，而是为了让团队和个人能够更好地适应工作中的变化，拥抱变化，能够更好地配合公司战略的落地。既然转型是目标驱动的，那么转型最后达到的效果就是评估此次转型是否成功的重要依据和衡量指标。要想保证转型的质量，必须要从两个方面同时进行：观念思想＋实际方法。这两个方面对转型的效果影响都非常大，所以两个方面都要重视，而且都必须做好。关于观念思想，需要让团队成员认识到转型的价值，转型对团队的价值，转型对个人的价值，以及转型对个人未来职业发展的益处，而且要给团队成员信心，相信团队成员一定能够转型成功。本着对转型质量负责的考虑，单单观念上的转变还不足以满足需求，在实际过程中还是需要给团队成员一些压力来加快他们学习的进程。在实际方法方面，我们在转型过程中采用了任务驱动的模式：练习＋课后作业。

• 练习：在线下培训课程中加入了针对容易混淆、容易出错内容的练习来加强大家的印象与理解，同时会让大家现场编写代码来检验培训的效果，并根据效果进行相应的趣味奖惩，这样可以更进一步加深印象，提升效果。

• 课后作业：团队每完成一次线下培训课程之后都会为成员布置一道课后练习，并建立课后作业评分制，同样会根据得分的高低进行排名。为了达成掌握技能而不是为了完成作业而做的目的，在课后作业的完成过程中团队成员可以互相讨论，也可随时咨询培训讲师，但是绝不允许抄袭。一旦发现抄袭此次得分为0，并会单独进行沟通，进行相应的处罚。以上的种种做法都是为了保证团队成员能够真正掌握所需技能，不让团队转型流于形式。

5. 过程管理之温故而知新

《论语》中云：温故而知新，可以为师矣。在团队转型过程的管理中，也同样希望团队成员可以从接受培训的学员逐渐成长为能够培训其他人的老师，整个团队转型的过程其实也是一个学习的过程，新的知识、新的技能、新的方法都是一个从无到有、从有到通的过程。有可能在当时或者过后的几天团队成员都认为自己已经掌握了线下培训课程中的内容，但是时间一长，使用频率降低，有可能会印象模糊，使用不准确，甚至忘记。为了避免这种情况的发生，也为了使转型的效果更好，同时也为了能够将转型过程沉淀为经验，我们在转型过程管理中采用了"课程录像＋课件备份＋定期回顾"的方法来推动目标的达成。

- 课程录像：在团队转型的课程培训过程中采用全程录像，记录讲师的每一句话、每一个操作以便后期成员可以更直观地进行二次、三次甚至多次学习。

- 课件备份：对转型培训课程中使用的所有培训课件进行全量备份、统一存储，方便以后小伙伴们随时查看，弥补培训过程中被忽略的细节。同时，还可以把培训课件作为文档沉淀下来供团队传承使用，供以后入职的新员工自主进行学习，使他们更快地融入团队，熟悉工作流程。

- 定期回顾：团队转型过程中会不定期回顾以往的培训内容，这样做的原因是课程培训的内容经过一段时间的应用和思考之后，团队成员会有更深的理解与感悟。此时，再进行内容回顾不仅可以加深内容的理解，还可能在回顾的过程中得到新的东西，产生新的想法，碰撞出新的火花，使培训效果更上一层楼。

6. 过程管理之实战练兵

团队转型是目标驱动的，在制订的目标中实际的应用才是最根本的出发点。"仗怎么打，兵就怎么练"，转型培训就是为了在以后的实战中能取得好的效果。那么在实战中培训的效果到底如何？等到培训结束后再去实际中衡量难免会显得迟了一些。如果到时效果不理想，那么不可避免地还会再花时间、精力去弥补。为此，我们在培训过程中就引入了实战，在实战中解决问题，培养技能，采用"众包""一帮一，一带一"的策略，让团队小伙伴把培训内容真正应用到实际工作中，亲身体验理论如何结合实际，效率是否可以真正提高，是否可以解放自己，是否能够在工作中得到满足感，等等。可以预想到在初期一定会遇到各种困难，不知如何入手，这时一定要鼓励与帮助团队成员完成既定任务，避免出现挫败感等负面情绪。一旦完成第一步，团队成员真正感受到在成长，技能在提升，在实战中确实有收获，就会更加期待新技能的获取，主观能动性得到提升，团队内部的学习氛围会逐渐变得浓厚，形成良性循环，使转型过程变得更加顺利，结果也会变得更加惊喜。在培训中加入实战是团队转型过程管理的有效手段。

9.2.2　达成预期

是否达成预期是检验团队转型是否成功的重要指标。千淘万漉虽辛苦，吹尽狂沙始到金，我们经历了线上＋线下的学习与培训，整个团队都付出了大量的精力。在此基础上，还要保证日常工作正常进行，进度不受影响，整个团队在这一段时间内都非常辛苦。那么付出了这么多的努力，整个团队都有什么收获？在哪些方面有所提升？下面就自己团队获得的收益和改进做一个简单的复盘。预期达成的目标如图 9-4 所示。

（1）代码能力：团队全员具备

经过团队成员线上＋线下的学习及培训，团队全部成员都具备编写代码的能力，使用的语言为 Java（因为所在部门使用的语言为 Java）。当然，具备代码能力不代表全体成员代码水平一致，代码能力是转型成功需要具备的基本技能。具备代码能力对系统的理解会更加深入，与开发人员沟通会更加直接、顺畅，有助于开发人员更为准确地定位缺陷，同时能提升测试人员的形象。

图 9-4　预期达成的目标

（2）工具化思维：团队七成成员具备

工具化思维对实际项目及工作中效率的提升有很大的作用。在团队转型过程中工具化思维也是培训的一个方面。经过培训及一段时间的工作实践，目前团队中用工具化思维方式解决问题的人数占比明显提升。将目前使用的工具自主进行共享，同时也根据工作的需要产出了一些通用工具用于解决实际的工作问题，团队的工作效率及个人技能都有所提升。

（3）工具开发能力：团队五成成员具备

现有的测试工具有些可以满足需求，但是实际工作中大部分需求具有公司及团队的特色，更多的时候需要根据需求的特点定制开发各自适用的工具来解决问题。团队经过培训后具备工具开发能力的人员占比为半数。例如，将人员从重复工作中解放出来的数据自动对比工具，提升效率的报告自动发送工具，解决外部依赖的消息自动发送工具，解决项目合规问题的自动监测工具等，在解决问题的同时又很大程度地解放了人力资源，将人员精力投入到价值更高的工作中，节省了人力成本，大大提升了人员利用率。

（4）测试环境治理：使所有系统测试环境独立

测试环境的问题相信会困扰很多团队，环境被占用，代码分支被修改，环境响应慢或者无人响应，数据丢失等问题，都会拖慢项目的进程。我们在线下培训中也针对测试环境治理进行相应的培训。目前，团队所负责的系统及组件均具备独立的测试环境，并且和开发环境完全分离，可以对重要数据进行备份，同时使环境能够快速恢复。例如，团队负责一些基础组件的测试工作，当有业务系统想要接入这些基础组件时，只需要业务系统提供相应的参数及映射关系，无须开发人员介入，就可快速在测试环境中进行联调，实现快速反馈，快速接入，大幅度提升了效率。

（5）接口自动化：解放回归测试

回归测试的工作量会占团队整体工作量很大的比重。如果可以自动执行回归测试，在一定程度上可以释放一部分人力资源，也可以增加回归测试的频率。我们在转型培训中也有相应的内容。经过培训，现在团队所负责的重要系统平台已经实现了单接口、多接口流程性自动化，UI自动化，使问题及时发现、及时反馈、及时解决，提升了系统的稳定性。

（6）测试形象提升：技能成长

团队经过转型和课程培训，在个人技能和团队战斗力方面都有所提升，也得到了合作伙伴的积极反馈。

下面是开发人员的反馈，从中可以证明达成了测试形象提升这个预期目标。

（1）测试提供的方向更准确，能够更好地定位问题，可以更好地理解开发逻辑，从开发的角度发现容易忽略的测试点。

（2）自动化可以覆盖的 bug，本质上是可以通过研发覆盖单元测试的，研发要意识到单元测试的重要性。

（3）接口测试覆盖了每一种异常情况，测试覆盖率提高了。

（4）测试前置，提前发现问题，提前解决。当遇见问题时，从开发角度出发，能够更有针对性地发现问题点，缩短问题排查时间，极大地提高了工作效率。

实际应用的反馈如下。

（1）没有进行接口测试前，通用充值平台中存在未使用过的功能测试不能测试到的接口。通过接口测试后，发现并及时解决了问题，避免了后期实际使用的时候出现问题。

（2）当加油卡企销、话费卡密企销、话费充值企销等没有前台的项目需要测试时，可以直接通过接口测试和代理商、大客户进行联调。

9.3 绩效考核与管理

9.3.1 绩效考核

1. 绩效考核的内容

绩效考核主要包含绩效指标达成情况、公司制度执行情况、临时任务完成情况、企业文化贯彻情况以及部门团队建设情况等。

绩效考核的内容如图 9-5 所示。

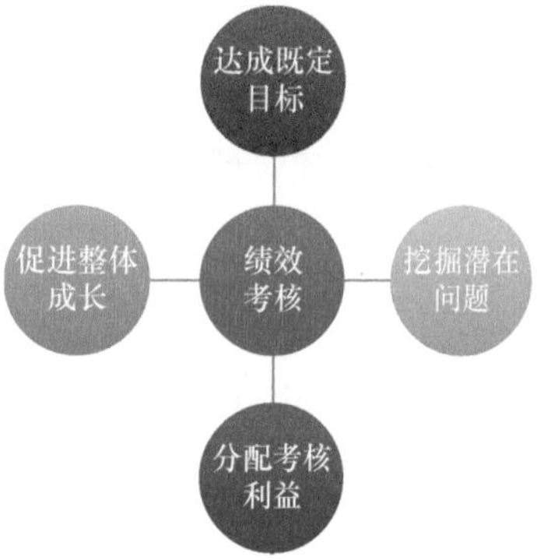

（1）达成既定目标

绩效考核本质上是一种过程管理，而不仅仅是对结果的考核。它是将中长期的目标分解成年度、季度、月度指标并不断督促员工实现的过程。

（2）挖掘潜在问题

绩效考核是一个不断制订计划、执行、改正的 PDCA 循环过程。在整个绩效管理环节中，它包括绩效目标设定、绩效要求达成、绩效实施修正、绩效面谈、绩效改进、再次制订目标等，这也是一个不断发现问题、改正问题的过程。

图 9-5　绩效考核的内容

221

（3）分配考核利益

与利益不挂钩的考核是没有意义的，员工的工资一般都会为两部分：固定工资和绩效工资。绩效工资的分配与员工的绩效考核得分息息相关，所以一说起考核，员工的第一反应往往是绩效工资的发放。

（4）促进整体成长

绩效考核的最终目的并不是单纯地进行利益分配，而是促进团队与员工的共同成长。通过考核发现问题、改正问题，找到差距，不断提升，最后达到双赢。

团队的进步离不开合理的绩效考核，要让员工清晰地认识到什么是对团队、对个人有益的，什么是对团队、对个人有损失的。好的合理的绩效考核会让团队成员快速成长，并且能够起到非常积极的作用。

2. 为什么要进行绩效考核

对于转型过程中的团队来讲，进行合理的绩效考核是为了激发员工的积极性，最大限度地调动员工的主观能动性。这是确保每个员工都能成功转型的必要手段。基于此，我们的绩效考核就应运而生了。

绩效考核要遵循一定的原则。

（1）考核要合情合理

定制度定绩效需要合情合理。既不能使指标过高，感觉只是让大家看的；又不能使指标过低，仿佛人人都能白拿。绩效考核的主要目的是让大家更有冲劲，增强团队凝聚力。可根据新、老员工以及技能水平从而合理地制订绩效考核制度。我们部门中，每个员工的技能水平都不一样。为了为转型打基础，首先在团队内部做了一次摸底考试，把不同技能水平的员工分为了高、中、低三类。然后分别对于不同类别的员工制订对应的考核机制。

（2）讲师也要考核

虽然我们的转型培训讲师都是内部高职级人员，但是为了保证转型的效果，针对讲师也制订了考核机制。对于每个讲师的培训课程，培训完成后都会让员工去评分。基础分数是 6 分，满分是 10 分，高于基础分数则认为合格，低于基础分数就要重新设计课程并相应进行扣分。

（3）以结果为导向

只要过程是合法合规的，如果结果好，那考核成绩也应该好。否则，考核就会失去其最重要的意义。在确保结果导向的前提下，可以适当考核一些过程是否完全合规合法，但对过程的考核比重不应超过对结果的考核比重。不然，会有本末倒置之嫌。

（4）考核分为量化和主观两大部分

这里只讨论量化部分。奖励视团队转型收益而定，惩罚依事情严重程度进行。所以制订考核指标一定要因岗位而定，需要量化且有利于执行。

（5）奖惩一定要分明

奖励要求不能太过于苛刻，只要是通过一定的坚持和努力获得的成绩，都可以奖励。惩罚是原则性问题，一定要有力度且必须严格执行，否则原则就没有底线。奖惩制度与严格管理相结合，以严密的考核为依据。在奖励上要针对员工对团队的贡献大小，而采用不同的形式奖励。对违反部门规章制度、给部门造成经济损失或不良影响的员工，要给予严肃处罚。我们是这样做的，对绩效评分强制划分等级，业绩越优秀的得分越高，反之越低。一般分三个等级：A、B、C。强制规定 A、B、C 等级的占比。这可以在内部形成有效、良性的竞争机制。我们认为可以设定一个基本奖励，如果没有达成既定目标，按比例减掉部分奖励额；如果超额完成，则增加一定比例的奖励额。

3. 如何保证团队转型过程中的绩效考核执行到位

为了保证团队转型过程的绩效考核执行到位，建议召开以下会议。

（1）每周答疑会

培训过程中每周都会有一个固定的答疑会。在这个答疑会上，每个人都可以针对自己一周的学习提出问题，会有专人负责解答。我们从一开始培训就确定了每周一为部门答疑日，每周三会有固定时间的培训。这样做的好处就是每周都能检查员工学习的进度，确保转型不偏离正轨。

（2）月度考核会

除了每周的答疑日之外，还增加了每月的考核会。每个月都会针对员工学习过的课程进行线上线下考核。在考核会上，会对每位员工进行考核和打分。这个打分会占有一定的绩效比例，如果考核不理想，会有一定的惩罚。

（3）季度总结会

每个季度还会有总结会，每个员工都会结合自己本季度学习到的课程与考核的成绩进行自我总结，我们鼓励每位员工都站在讲台上进行个人总结。这样做的好处不仅可以提高员工的沟通表达能力，同时也能让员工切实了解到自身的不足，从而针对性地进行提高。除了员工的总结之外，每一位讲师同样也会做自己的培训总结，用于判断课程的设定是否合理，员工的接受程度如何以及考核成绩是否达标。通过总结会，确保每个人都能认识到自己的不足，同时也能把好的经验传授给团队中每一位成员。

通过以上种种手段，90%以上的团队成员具备了代码编写能力，同时还有30%以上的员工具备了独立开发小工具的能力。这样不仅个人能力得到了很大的提高，团队整体的技能水平也大幅度提升。

团队内部的学习氛围非常浓厚，员工们从一开始的抵触到慢慢接受，到自己具备了相关的能力，一步步得到了提升。在提升能力的同时，他们也意识到了学习的重要性，更加坚定了自身转型的决心。

9.3.2 绩效管理

所谓绩效管理，是指各级管理者和员工为了达到组织目标共同参与的绩效计划制订、绩效辅导沟通、绩效考核评价、绩效结果应用、绩效目标提升的持续循环过程。绩效管理的目的是持续提升个人、部门和组织的绩效。

1. 绩效管理的重要性

下面介绍绩效管理的重要性。

（1）能够促进组织和个人绩效的提升。

绩效管理通过设定科学合理的组织目标、部门目标和个人目标，为企业员工指明了努力的方向。管理者通过绩效辅导沟通及时发现下属工作中存在的问题，给下属提供必要的工作指导和资源支持。下属通过工作态度以及工作方法的改进，保证绩效目标的实现。绩效管理通过对员工进行甄选与区分，保证优秀人才脱颖而出，同时淘汰不适合的人员。通过绩效管理能使内部人才得到成长，同时能吸引外部优秀人才，使人力资源能满足组织发展的需要，促进组织绩效和个人绩效的提升。

（2）能够促进管理流程和业务流程的优化。

团队管理涉及对人和对事的管理，对人的管理主要是激励约束问题，对事的管理就是流程问题。所谓流程，就是一件事情或者一个业务为什么而做、由谁来做、如何去做、做完了传递给谁等方面的问题，这几个环节的不同安排都会对产出结果有很大的影响，极大地影响着组织的效率。在绩效管理过程中，各级管理者都应从公司整体利益以及工作效率出发，尽量提高团队的整体效率，应该在上述几个方面不断进行调整优化，使组织运行效率逐渐提高。

2. 协调部门绩效与个人绩效的关系

要协调部门绩效与个人绩效的关系，应注意以下几个方面。

（1）进行员工多维度绩效考核。员工绩效可以按季度考核、按年度考核，部门绩效按年度考核。员工绩效考核主要从绩效维度、能力维度、态度维度等方面进行。绩效维度包含任务绩效、管理绩效（管理人员）、周边绩效。

（2）部门绩效考核结果也是员工绩效考核综合评定对应等级划分的重要参考因素。当进行部门绩效考核时，对部门绩效进行等级比例限制：优占 5%；良占 20%；中占 40%；基本合格占 30%；不合格占 5%。考核部门绩效后，将部门绩效考核结果与员工绩效考核结果通过员工绩效考核综合评定等级比例联系起来，从而协调部门绩效与员工绩效的关系。

（3）建立积极、协作的团队文化。鼓励员工在完成个体绩效任务的同时，关心部门绩效、组织绩效，员工之间形成协作、互助、友爱的关系，在合理的竞争的同时强调员工之间的配合。

另外，在处理部门绩效考核与员工绩效考核关系还要注意几个细节。在进行团队绩效考核时，实行末位淘汰制容易加剧员工的不安定感，使得员工与上级的关系紧张，同事间关系复杂，导致工作环境的恶化。这也会导致员工的不满，挫伤其工作积极性，特别是在员工的考核缺乏客观公正的情况下，淘汰更容易带来负面影响。因此，团队在淘汰不合格员工时，应该采取灵活方式，不要"一刀切"，不要全部终止或解除合同。在反馈绩效考核结果时，与员工认真分析绩效不佳的原因，并结合员工个人的情况，采取调换岗位、降低工资或下岗培训等多种形式。

团队在进行绩效考核时，必须将部门绩效与员工绩效考核紧密结合。在对个人进行绩效（管理人员）、能力、态度考核时，也应注重考核周边绩效，并将部门绩效考核结果充分利用到员工绩效考核结果中，使个人绩效和部门绩效均获得明显提升，激发员工的工作热情，最终实现员工和团队共同的价值。

3. 如何做好绩效反馈与辅导

要做好绩效反馈与辅导，应注意以下几个方面。

（1）日常过程的监督

绩效评估不是一个月、一个季度或者一年进行一次的独立行为，更需要日常监督。如果在关键性时间节点没有实现预期的目标，就需要立即纠正行动，提出改善办法，使工作回到正轨上来。

（2）一对一面谈原则与技巧

一对一面谈，让双方都有沟通交流的机会，提供辅导与支持的机会。让管理者知道员工的顾虑，并协助解决；让员工及时了解组织的目标，并将个人的目标与其串联起来，交换进度并解决问题，安排工作的优先级，评估完成时间，加强双方关系。一般 1 ～ 2 周沟通一次，时间限制在 15 ～ 30 分钟。要做经常性的沟通，事先约定时间，确定优先级，注重员工的议程，形成记录，顾及员工的需求和人际风格。要求员工自我评估，然后给出管理者的绩效评估结果，找出有助于保持或改进绩效的方式，让员工试着找出改进的办法，接受改进计划。

（3）绩效反馈与指导原则

弄清楚员工的行为：就事论事，避免攻击、批判、挑毛病等行为。做得好的，就及时给予肯定；做得不好的，就告诉他这样会降低整体绩效，让他提出改进方案，并及时加以修正。找出问题产生的原因：在描述问题时，需要有具体的事实和材料，不能用听说、猜测等，也不要有太多夸张性的描述。描述事情的前因后果：将事情产出的不良结果以及可能产生的连锁反应陈述清楚。面对这些问题提出讨论，讨论时需要抱着真诚的心态。找出解决方案：鼓励员工参与，尽可能多从不同角度提供解决方案，一旦确定，立即付诸行动。

4. 绩效管理的意义

绩效管理的意义如下。

（1）传递组织压力。随着市场环境的变化和发展，组织面临的市场竞争越来越激烈。因此，组织希望通过绩效管理这个工具，将组织目标层层分解到各个部门、团队和个人，特别是触动员工的危机意识，将组织面临的整体压力分解为每个员工承担的个体压力，形成"人人有压力，压力众人挑"的局面。

（2）激发组织活力。许多组织由于历史悠久、规模庞大及机制等原因，在组织内部存在一定的"人员沉淀"现象，部分员工安于现状、得过且过、缺乏活力，与组织所面临的市场压力格格不入。通过推行绩效管理，特别是正向激励的引导和负向激励的强化，充分调动员工的工作积极性，促使员工工作激情的全面迸发，挖掘员工的巨大潜能，提升组织的整体战斗力。

（3）培育组织文化。通过绩效管理的"奖优罚劣"作用，向员工明确传达组织提倡什么，反对什么。建立积极向上的绩效文化，通过区分员工的"六干"，即干与不干、干多干少、干好干坏，实现员工的"六能"，即收入能高能低、岗位能上能下、员工能进能出，优化团队工作氛围，进而形成追求卓越的企业文化和价值观。

（4）团队共同发展。通过推行系统化的全流程绩效管理，强化各级管理者促进员工成长的责任和义务，帮助员工认识自己能力的强弱项，找到能力短板，制订员工能力发展计划，并在实际工作中加强对员工的培育和辅导，不断提升员工个人能力，达成个人绩效目标，进而促进整个组织绩效目标的达成和提升，实现员工与团队的共同发展。

9.4　团队培养之三大提升

如果你想造一艘船，不要抓一批人来搜集材料，不要指挥他们做这个做那个，你只要教他们如何渴望大海就够了。——安东尼·德·圣－埃克苏佩里《小王子》

关于团队转型的愿景，在一开始要有一个清晰的认识。对于你所要打造的质量团队，一定要有清晰的目标。一方面，使团队成员认识到转型的目标，明白转型课程完成后能达到什么样的效果，提升团队成员的内驱力；另一方面，为团队培养、人才储备制订一个标准，谁有本质的提升，谁就能获得更多的资源。团队培养有三大提升：技能的提升、效率的提升和质量的提升。三大提升犹如一个三级火箭一样，通过技能的提升达到效率的提升，通过效率的提升达到质量的提升，通过质量的提升反哺技能的提升。提升越快，获得的资源和学习机会就越多，三大提升，相互促进，共同助力团队转型。

9.4.1　技能的提升

团队转型中无论是团队成员还是管理者，都最想快速实现技能提升。要提升技能，首先要确定团队愿景：打造一个具有技术先进性的测试团队，团队中每个人既是业务专家又是代码高手，能发现问题并能通过个人技能去解决问题。从团队成员来说，通过转型可以提升自己的技术水平，提升个人在测试行业的整体竞争力。从组织层面来讲，团队成员技术水平的提升有助于工作效率和系统质量的提升。技能提升通过转型中对专业知识的学习实现。每一个转型阶段我们都获得了一棵技能树。掌握并运用技能去解决工作中实际问题的能力才是提升的本质，通过实战项目的开发能使我们了解技能的提升程度。通过学习测试开发转型课程以及补充专业测试知识，提升测试人员的整体硬技能。通过在项目的真实历练中有针对性地培养软技能。技能提升如图 9-6 所示。

图 9-6　技能提升

很多工作了 3 年左右的测试工程师在没有学好测试技能的前提下，就跨越式地向测试开发进行转型，导致测试工程师的基础没有打牢固，对于测试开发也是一知半解。其实无论你是测试工程师还是测试开发工程师，从软件工程的专业角度来讲，都是质量保障的核心成员。在团队技能培养方面，首先要解决测试基础理论知识的培养。

9.4.2　质量的提升

以质量求生存，以创新求发展是每个企业经常喊的口号。针对互联网企业节奏快、复杂性高的特点，既要保障业务的高速发展又要保障系统质量，犹如在高速公路上为一辆快速奔跑的车换轮胎，如何更好地保障系统质量是我们面临的最大挑战。转型的首要目标是使团队获得提升系统质量的能力，转型过程中我们不仅注重前面章节中讲的硬技能的培训，更注重软技能的培养。一方面，从管理体系上我们建立了质量过程管理模型，通过对测试前期、测试过程、上线完成三个阶段精细化的管理，对每个阶段进行有效把控。质量过程管理模型如图 9-7 所示。

另一方面，我们建立了全链路软件测试模型，从需求分析开始，涵盖整个测试过程的每一个黄金流程。通过持续地完善模型，使每一个测试环节标准化，培养团队成员"过程决定质量"的思维方式。全链路软件质量模型如图 9-8 所示。

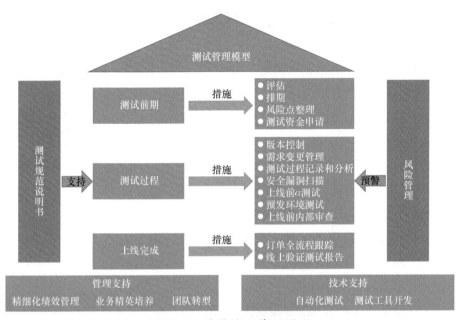

图 9-7　质量过程管理模型

图 9-8　全链路软件测试模型

9.4.3　效率的提升

当提到效率时，很多人立刻就想都了自动化测试。无论是 UI 自动化、API 自动化还是 CI、CD，都是提升效率的一种方式。在保障质量的前提下提升效率并为企业节省成本是我们追求的目标。那么如何打造一个高效能的质量团队呢？质量团队效能提升从工具思维、流程和知识沉淀三个维度来助力团队效率的提升。质量团队效能提升如图 9-9 所示。

提升效率的第一把利剑是工具化思维。它有助于将手工无法或不易操作的复杂工作通过工具快速完成，从而达到提升效率的目标。在打造团队工具化思维方面，首先，要鼓励以技术手段解决问题。对于解决问题的过程中产生的优秀工具，可以把它们沉淀到工具平台上，通过调用量或者访问量给工具开发者信心。然后，定期召开头脑风暴会议，统一对问题进行收集、整理和评估，方便后续进行工具化。打造团队工具化思维要遵从以下 5 个要点。

图 9-9　质量团队效能提升

（1）凡是工具可以完成的工作优先使用工具。

（2）凡是工具可以解决的问题优先使用工具。

（3）凡是现有工具能解决的问题杜绝重复造轮子。

（4）对于所有遇到问题，都要思考是否可以用工具解决。

（5）所有工具开发前要充分评估 ROI，避免为了使用工具而使用。

提升效率的第二把利剑是经验传承。经验传承是提升效率的基础之一，通过知识、经验、技能的分享使团队能够快速获取有价值的信息。要传承经验，一方面，需要建立团队内部统一的知识库，避免知识和经验成为一个个数据孤岛。将好的经验和技能沉淀下来，将知识库的建设和完善作为团队长期的工作，通过持续完善使知识库成为团队的核心资产。知识库可以高效地解决常见问题，如快速指导新员工熟悉工作规范和业务知识。另一方面，要提升因团队成员异动时的交接效率，团队成员在变化更迭的过程中，建立完善的知识库，沉淀核心过程资产，提升效率。

提升效率的第三把利剑是流程优化。流程优化是在管理手段中提升效率最快的方法之一。好的测试流程能规范团队的工作行为，在质量保障过程中使每一个细节体现团队的专业素养。定期对测试流程进行梳理和优化，一是减少冗余流程对效率的影响，二是通过对测试流程的优化起到巩固质量的作用。当出现问题时，除了解决问题本身外，还要思考如何避免同类问题再次发生。基于解决现有问题的经验，通过对流程进行优化，能够有效避免同类问题再次发生。当下次再遇到同类型的问题时，通过流程优化，可以快速地把控效率和质量。

9.5 团队转型中的曲折与回顾

9.5.1 团队转型中的曲折

下面介绍转型自动化的实践经历，特别是测试过程中遇到的种种问题及困惑，希望能够给测试朋友带来一些思考和共鸣。

初次接触自动化测试的经历如下。

第一步，安排项目的时间。在接手第一个接口项目时，作者刚好学完 API 教程，内容很相似，感觉好简单，心想这些接口用不了多长时间就能写完，就在进行项目排期时给出的时间比较短。后来组内的自动化专家说，接口测试脚本的编写仅是一小部分工作，脚本的运行及联调将是一个大工程，并且在初次接手自动化项目时，有好多不可预知的因素，因此在项目排期中要综合考虑这些问题。

第二步，编写 API 脚本。拿着接口文档，默念培训课上的接口测试通用方法（部门接口测试基于团队测试框架 AAT）。①引入 POM.XML 依赖。②修改 CONSUMER。③新建包及被测的类。④引入被测接口：引入配置文件及测试用例数据。刚刚动工就发现在第①步就没有找到 POM 依赖，并且有些接口参数与系统参数名称不同，这些都是属于接口文档不详细的问题。同时在项目的进行中还遇到了有些入参类的接口无法实例化等问题，这些都需要及时找开发人员给予补充说明和更正。

第三步，运行脚本。写完脚本后，单击某个运行按钮，本以为马上就可以看到胜利的曙光了。然而，界面上全线飘红，各种报错。总结起来主要有测试用例引入格式的问题，有用例数据的问题，也有业务边界判断的问题。这使作者意识到一个问题，接口只实现一个或者几个明确的功能，可以根据接口文档查看该接口中的方法功能说明，但是对测试的深度和广度远远不能局限于此。此时还有一个待思考的问题，怎么判断测试用例覆盖全面了呢？有人说在设计用例时使用了多种测试方法，等价类、边界值、正交试验、流程分析法等，那就肯定全了，其实不然。如果想全面测试，就需要较高的质量目标以及对相关业务背景的了解，还有很多相关隐性需求及业务场景的设计也是要考虑的。例如，对于机票航班查询功能，接口文档中只有查询条件的入参说明，其实还有隐性的需求，如查询出发日期必须早于到达日期，出发地要有机场（接口测试没有界面，不像有界面的输入城市系统会自动匹配机场所在城市），证件类型的有效期以及与乘机时间的约束条件等。

对以上问题的思考及处理，也使我正式认识了接口测试。绝不是仅靠热情就能做好自动化测试的。自动化的脚本要开发哪些内容，不应该在自动化测试的时候才决定，而应该事先就确定好了。换句话说，测试用例是自动化的基础，有明确的测试用例才能保证自动化测试的内容符合预期目标。

第二次进行自动化测试的经历如下。

根据第一个项目的经验及团队发展趋势的需要，我们的自动化团队打造了一个可以自动生成脚本的工具 AUTO-APITEST。

我们现在已经有了现成的自动化测试平台和工具。只要用 AUTO-APITEST 工具，自己就可以生成脚本了。自动化测试不就做起来了？不就是个工具吗？能有多难呢？于是作者决定加班来学习脚本语言和工具，进展不错，但很快便就开始感到自动化测试工具也并不像想象的那么完美。

对于一个非常简单的功能，写好再调通花费的时间并不少。别人 30 分钟就能做好的事情，作者却要花一个小时。

在执行脚本时一旦发现问题，排查起来花费的时间也不少。一般来说，如果运行中出问题了，就要再反复运行几次，先确认是不是真的有问题，再加各种打印日志或者断点来定位脚本的问题。作者还记得当时对这个问题，是这样安慰自己的，自动化的优势是体现在反复执行上的。但是很快就发现：编写的自动化脚本在生成的测试用例中有很多无业务逻辑的数据，这样一旦失败，排查就会很困难。

另外，关于版本控制及管理问题，有时开发人员为了图省事直接给全量开发包，没有按照接口提测标准把代码打包并放到私有服务器上。这对于版本控制非常不利，特别是多人协同测试。但是此时一个刚刚开始做接口的新员工可能还没有那么大的底气及勇气去说，但事情总得去解决，试着用商量的语气去跟开发商聊部门的想法，相信正确的想法和思路终会被接纳的。

自动化测试不是靠一个工具和靠满腔热情加个班就可以完成的事情。除了工具之外，如何设计用例，如何检查脚本的运行结果，如何做版本管理等，每一件事情的工作量都不小，需要有策略有规划，一步步地完成。

9.5.2 团队转型中的回顾

自动化测试的经历让作者对自动化测试有了新的思考，我们在做自动化测试的时候，很容易只盯着自动化，仅从自动化这个方面去思考，把自动化当成了一种很高级的测试，去设计自动化的框架、组织等，却忽视了自动化测试的本质——自动化测试就是一种测试执行的方式。我们在手动测试时要如何准备测试执行，在自动化测试的时候也需要考虑。

ATT 测试框架是我们所在测试团队自己开发的，所做的工作就是写自动化脚本，进行接口测试和回归测试，分析测试 Bug，同开发人员沟通出现的 Bug，定位问题，发测试报告。这看起来比较简单，可是做起来还是很花时间和精力的。总结起来有如下几点。

（1）要熟悉业务方面的知识，对产品不熟悉，写出的用例就不能全部覆盖业务场景。

（2）即使是测试框架下的脚本编写，也需要掌握一门编程语言（基础语言 Java）。

（3）测试的执行，测试用例的编写，测试环境的搭建，测试脚本的调试，用例是否全部覆盖业务场景，测试服务器是否畅通，脚本调试的种种问题，都时刻考验着每位测试人员。

（4）关于测试结果的分析，是测试用例的问题，还是自动化测试脚本的错误，还是产品的缺陷，又或者测试环境或脚本语言的错误，这些都要仔细分析，经验在这里就显得尤其重要了。

（5）生成测试报告，它是测试执行结果的反映，也体现了当前自动化测试的情况。

最后，无论功能测试还是自动化测试，都需要与相关开发人员、业务人员、测试人员进行沟通，良好的沟通、默契的配合才能大幅度提高工作效率。

从功能测试向自动化测试转型，需要自己学习大量的编程知识，有一定的应变能力，同时还需要了解网络（HTTP 协议）、Web 前端开发、Linux、数据库、测试框架等方面的知识，这些知识都需要有很多的积累。这是一个漫长而痛苦的过程。有些人没有开始就放弃了；有些人刚开始一点，就不再坚持了；而有些人努力了，前进了，达到了自己初步的目标，也许仅仅是一个小小的成功，但是要相信自己，努力学习，坚持下去，不要轻易放弃！

9.6 小结

本章主要从团队转型过程中员工情绪的管理，如何应对快速的变化，在整个转型过程中的管理与预期达成，以及团队转型中的绩效考核与管理等方面做了阐述。另外，本章总结出了团队转型的三大提升，也回顾了团队转型中的曲折与经验，希望本章内容能够给正在经历转型或准备转型的团队带来帮助。

附录 A

hi_po 框架代码

page_objects 的代码如代码清单 A-1 所示。

代码清单 A-1 page_objects(__init__.py)

```
1   #!/usr/bin/env python
2   # -*- coding: utf-8 -*-
3   from selenium.common.exceptions import NoSuchElementException
4   from selenium.webdriver.common.by import By
5   # Map PageElement constructor arguments to webdriver locator enums
6   _LOCATOR_MAP = {'css': By.CSS_SELECTOR,
7                   'id_': By.ID,
8                   'name': By.NAME,
9                   'xpath': By.XPATH,
10                   'link_text': By.LINK_TEXT,
11                   'partial_link_text': By.PARTIAL_LINK_TEXT,
12                   'tag_name': By.TAG_NAME,
13                   'class_name': By.CLASS_NAME,
14                   }
15   class PageObject(object):
16       """Page Object pattern.
17       :param webdriver: `selenium.webdriver.WebDriver`
18           Selenium webdriver instance
19       :param root_uri: `str`
20           Root URI to base any calls to the ``PageObject.get`` method. If not defined
21           in the constructor it will try and look it from the webdriver object.
22       """
23       def __init__(self, webdriver, root_uri=None):
24           self.driver = webdriver
25        self.root_uri = root_uri if root_uri else getattr(self.w,
                'root_uri', None)
26
27       def get(self, uri):
28           """
29           :param uri:  URI to GET, based off of the root_uri attribute.
30           """
31           root_uri = self.root_uri or ''
32           self.driver.get(root_uri + uri)
33
34       def getTitle(self):
35           '''
36           :return: return the page title
```

```
37              '''
38              return self.driver.title
39
40          def switchTo(self,loc):
41              '''
42              :param loc: frame or windows name,id and so on
43              :return:
44              '''
45              try:
46                  self.driver.switch_to.frame(loc)
47              except:
48                  try:
49                      self.driver.switch_to.windows(loc)
50                  except:
51                      print 'Error: no can switch to element'
52
53          def acceptAlert(self):
54              '''
55              accept the alert
56              :return:
57              '''
58              self.driver.switch_to.alert().accept()
59
60      class PageElement(object):
61          """Page Element descriptor.
62          :param css:    'str'
63              Use this css locator
64          :param id_:    'str'
65              Use this element ID locator
66          :param name:    'str'
67              Use this element name locator
68          :param xpath:    'str'
69              Use this xpath locator
70          :param link_text:    'str'
71              Use this link text locator
72          :param partial_link_text:    'str'
73              Use this partial link text locator
74          :param tag_name:    'str'
75              Use this tag name locator
76          :param class_name:    'str'
77              Use this class locator
78          :param context: 'bool'
```

```
79              This element is expected to be called with context
80      Page Elements are used to access elements on a page. The are constructed
81      using this factory method to specify the locator for the element.
82          >>> from page_objects import PageObject, PageElement
83          >>> class MyPage(PageObject):
84                  elem1 = PageElement(css='div.myclass')
85                  elem2 = PageElement(id_='foo')
86                  elem_with_context = PageElement(name='bar', context=True)
87      Page Elements act as property descriptors for their Page Object,
88      you can get and set them as normal attributes.
89      """
90
91      def __init__(self, context=False, **kwargs):
92          if not kwargs:
93              raise ValueError("Please specify a locator")
94          if len(kwargs) > 1:
95              raise ValueError("Please specify only one locator")
96          k, v = next(iter(kwargs.items()))
97          self.locator = (_LOCATOR_MAP[k], v)
98          self.has_context = bool(context)
99
100     def find(self, context):
101         try:
102             return context.find_element(*self.locator)
103         except NoSuchElementException:
104             return None
105
106     def __get__(self, instance, owner, context=None):
107         if not instance:
108             return None
109         if not context and self.has_context:
110             return lambda ctx: self.__get__(instance, owner, context=ctx)
111
112         if not context:
113             context = instance.driver
114         return self.find(context)
115
116     def __set__(self, instance, value):
117         if self.has_context:
118             raise ValueError("Sorry, the set descriptor doesn't support
                    elements with context.")
119         elem = self.__get__(instance, instance.__class__)
```

```
120         if not elem:
121             raise ValueError("Can't set value, element not found")
122         elem.send_keys(value)
123
124     class MultiPageElement(PageElement):
125         """ Like `PageElement` but returns multiple results.
126             >>> from page_objects import PageObject, MultiPageElement
127             >>> class MyPage(PageObject):
128                     all_table_rows = MultiPageElement(tag='tr')
129                     elem2 = PageElement(id_='foo')
130                     elem_with_context = PageElement(tag='tr', context=True)
131         """
132
133         def find(self, context):
134             try:
135                 return context.find_elements(*self.locator)
136             except NoSuchElementException:
137                 return []
138
139         def __set__(self, instance, value):
140             if self.has_context:
141                 raise ValueError("Sorry, the set descriptor doesn't
                        support elements with context.")
142             elems = self.__get__(instance, instance.__class__)
143             if not elems:
144                 raise ValueError("Can't set value, no elements found")
145             [elem.send_keys(value) for elem in elems]
146
147     class GroupPageElement(MultiPageElement):
148         '''
149         crisschan modi
150         get a group elements,like a dropbox,a group radios
151         return is a dic{}
152         exp.
153         <select class="search_input" id="merviewlevel" name="merviewlevel">
154             <option value="">select</option>
155             <option value="5">6</option>
156             <option value="6">7</option>
157             <option value="7">8</option>
158             <option value="8">9</option>
159             <option value="9">10</option>
160         </select>
```

239

```
161    merviewlevel=GroupPageElement(xpath='//*[@id="merviewlevel"]/option')
162    要选择商户展示优先级为 6
163    merviewlevel[u'6'].click()
164    '''
165
166    def find(self, context):
167        # print context
168        try:
169            # return context.find_elements(*self.locator)
170            dicGroup = {}
171            # print context.find_elements(*self.locator)
172            for aElement in context.find_elements(*self.locator):
173                dicGroup[aElement.text] = aElement
174                # print dicGroup
175            # print dicGroup
176            return dicGroup
177
178        except NoSuchElementException:
179            return {}
180
181    def __set__(self, instance, value):
182        if self.has_context:
183            raise ValueError("Sorry, the set descriptor doesn't
                    support elements with context.")
184        elems = self.__get__(instance, instance.__class__)
185        if not elems:
186            raise ValueError("Can't set value, no elements found")
187        [elem.send_keys(value) for elem in elems]
188
189 # Backwards compatibility with previous versions that used
        factory methods
190 page_element = PageElement
191 multi_page_element = MultiPageElement
```

hi_po 的代码如代码清单 A-2 所示。

代码清单 A-2　hi_po(__init__.py)

```
1  #!/usr/bin/env python
2  # -*- coding: utf-8 -*-
3  from report import Report
4  from page_objects import PageElement, PageObject, MultiPageElement,
   GroupPageElement
```

```
5   from hi_po_unit import HiPOUnit
6   from report import Report
7   from param import ParamFactory
```

hi_po_unit 的代码如代码清单 A-3 所示。

代码清单 A-3　hi_po_unit.py

```
1   #!/usr/bin/env python
2   # -*- coding: utf-8 -*-
3   from selenium import webdriver
4   import unittest
5
6   class HiPOUnit(unittest.TestCase):
7       def __init__(self, methodName='HiPORunTest', param=None):
8           super(HiPOUnit, self).__init__(methodName)
9           self.param = param
10
11      def setUp(self):
12          self.verificationErrors = []
13          self.accept_next_alert = True
14          # self.driver = webdriver.PhantomJS(executable_
                path=Galobal.EXECUTABLEPATH,service_log_path=Galobal.
                SERVICELOGPATH)
15          # 启动 Chrome 浏览器并且最大化
16          self.driver = webdriver.Chrome()
17
18      # 关闭浏览器
19      def tearDown(self):
20          self.driver.quit()
21          self.assertEqual([], self.verificationErrors)
22
23      @staticmethod
24      def TestCaseWithClass(testcase_class, lines, param=None):
25          '''
26          Create a suite containing all tests taken from the given
27              subclass, passing them the parameter 'param'.
28          :param testcase_class: testcase 类名
29          :param param: 参数
30          :param lines: 参数行数（参数文件有多少行参数）
31          :return: null
32          '''
33          testloader = unittest.TestLoader()
```

```
34          testnames = testloader.getTestCaseNames(testcase_class)
35          suite = unittest.TestSuite()
36          i = 0
37          while i < lines:
38              for name in testnames:
39                  suite.addTest(testcase_class(name, param=param[i]))
40              i = i + 1
41          return suite
42      @staticmethod
43      def TestCaseWithFunc(testcase_class, testcase_fun, lines, param=None):
44          '''
45          Create a suite containing one test taken from the given
46              subclass, passing them the parameter 'param'.
47          :param testcase_class:   testcase 类名
48          :param testcase_func: 要执行的以 test_ 开头的函数
49          :param lines: 参数行数（参数文件有多少行参数）
50          :param param:
51          :return: null
52          '''
53          suite = unittest.TestSuite()
54          i = 0
55          while i < lines:
56              suite.addTest(testcase_class(testcase_fun, param=param[i]))
57              i = i + 1
58          return suite
```

param 的代码如代码清单 A-4 所示。

代码清单 A-4   param.py

```
1   #!/usr/bin/env python
2   # -*- coding: utf-8 -*-
3   import json
4   import xlrd
5   class Param(object):
6       def __init__(self,paramConf='{}'):
7           self.paramConf = json.loads(paramConf)
8
9       def paramRowsCount(self):
10          pass
11          def paramColsCount(self):
12          pass
13          def paramHeader(self):
```

```
14              pass
15         def paramAllline(self):
16              pass
17         def paramAlllineDict(self):
18              pass
19    class XLS(Param):
20         '''
21         xls 基本格式（如果要把 xls 中存储的数字按照文本读出来，纯数字前要加上英文
           单引号：
22         第 1 行是参数的注释，用于说明每一行参数是什么
23         第 2 行是参数名，参数名和对应模块的 po 页面的变量名一致
24         第 3~N 行是参数
25         最后一列是预期默认头 Exp
26         '''
27         def __init__(self, paramConf):
28              '''
29              :param paramfile: xls 文件位置（绝对路径）
30              '''
31              self.paramConf = paramConf
32              self.paramfile = self.paramConf['file']
33              self.data = xlrd.open_workbook(self.paramfile)
34              self.getParamSheet(self.paramConf['sheet'])
35
36         def getParamSheet(self,nsheets):
37              '''
38              设定参数所处的表（sheet）
39              :param nsheets: 参数在第几个表中
40              :return:
41              '''
42              self.paramsheet = self.data.sheets()[nsheets]
43         def getOneline(self,nRow):
44              '''
45              返回一行数据
46              :param nRow: 行数
47              :return: 一行数据 []
48              '''
49              return self.paramsheet.row_values(nRow)
50         def getOneCol(self,nCol):
51              '''
52              返回一列
53              :param nCol: 列数
54              :return: 一列数据 []
```

```
55              '''
56              return self.paramsheet.col_values(nCol)
57      def paramRowsCount(self):
58          '''
59          获取参数文件行数
60          :return: 参数行数 int
61          '''
62          return self.paramsheet.nrows
63      def paramColsCount(self):
64          '''
65          获取参数文件列数（参数个数）
66          :return: 参数文件列数（参数个数） int
67          '''
68          return self.paramsheet.ncols
69      def paramHeader(self):
70          '''
71          获取参数名称
72          :return: 参数名称 []
73          '''
74          return self.getOneline(1)
75      def paramAlllineDict(self):
76          '''
77          获取全部参数
78          :return: {{}}, 其中 dict 的键值是 header 的值
79          '''
80          nCountRows = self.paramRowsCount()
81          nCountCols = self.paramColsCount()
82          ParamAllListDict = {}
83          iRowStep = 2
84          iColStep = 0
85          ParamHeader= self.paramHeader()
86          while iRowStep < nCountRows:
87              ParamOneLinelist=self.getOneline(iRowStep)
88              ParamOnelineDict = {}
89              while iColStep<nCountCols:
90                  ParamOnelineDict[ParamHeader[iColStep]]=ParamOneLinelist
                    [iColStep]
91                  iColStep=iColStep+1
92              iColStep=0
93              #print ParamOnelineDict
94              ParamAllListDict[iRowStep-2]=ParamOnelineDict
95              iRowStep=iRowStep+1
```

```
 96                return ParamAllListDict
 97         def paramAllline(self):
 98             '''
 99             获取全部参数
100             :return: 全部参数 [[]]
101             '''
102             nCountRows= self.getCountRows()
103             paramall = []
104             iRowStep =2
105             while iRowStep<nCountRows:
106                 paramall.append(self.getOneline(iRowStep))
107                 iRowStep=iRowStep+1
108             return paramall
109         def __getParamCell(self,numberRow,numberCol):
110             return self.paramsheet.cell_value(numberRow,numberCol)
111     class ParamFactory(object):
112         def chooseParam(self,type,paramConf):
113             map_ = {
114                 'xls': XLS(paramConf)
115             }
116             return map_[type]
```

report 的代码如代码清单 A-5 所示。

代码清单 A-5　report.py

```
 1  #!/usr/bin/env python
 2  # -*- coding: utf-8 -*-
 3  import HTMLTestRunner
 4  import time
 5  import os
 6  class Report(object):
 7      def __init__(self, testSuite, dirReport, titleReport='default',
     descriptionReport='default'):
 8          '''
 9          :param testSuite: testSuite Object
10          :param dirReport:  the test result file location
11          :param titleReport:  the report title  name
12          :param descriptionReport: the test report description
13          '''
14          try:
15
16              if not os.path.exists(dirReport):
17                  os.mkdir(dirReport)
```

```
18          strTimeStamp = time.strftime('%Y_%m_%d %H:%M:%S')
19          strTimeStamp = strTimeStamp.replace(':', '_')
20          titleReport = titleReport + strTimeStamp  # 修改成 YYMMDD HH:MM:SS
21          descriptionReport = descriptionReport + strTimeStamp
22          filename = dirReport + titleReport + '.html'
23          # filename=filename.replace(':','_')
24          # print filename
25          fp = file(filename, 'wb')
26          runner = HTMLTestRunner.HTMLTestRunner(fp, title=titleReport,
                 description=descriptionReport)
27          runner.run(testSuite)
28      except Exception:
29          print "please input testCase,report file's location!"
```

test_string 的代码如代码清单 A-6 所示。

代码清单 A-6   test_string.py

```
1   # coding=utf8
2   # !/usr/bin/env python
3   # __author__='crisschan'
4   # __data__='20160908'
5   # __from__='EmmaTools https://github.com/crisschan/EMMATools'
6   #          测试需要处理字符串的类：
7   #          修改了方法，添加了 @classmethod 装饰器
8   import random
9   import re
10      class TestString(object):
11          def __GetMiddleStr(self,content, startPos, endPos):
12              '''
13              :根据开头和结尾的字符串获取中间的字符串
14              :param content: 原始字符串
15              :param startPos: 开始位置
16              :param endPos: 结束位置
17              :return: 一个字符串
18              '''
19              return content[startPos:endPos]
20          def __Getsubindex(self,content, subStr):
21              '''
22              :param content: 原始字符串
23              :param subStr: 字符串边界
24              :return:  字符串边界出现的第一个字符的在原始字符串中的位置 []
25              '''
```

```
26              alist = []
27              asublen = len(subStr)
28              sRep = ''
29              istep = 0
30              while istep < asublen:
31                  if random.uniform(1, 2) == 1:
32                      sRep = sRep + '~'
33                  else:
34                      sRep = sRep + '^'
35                  istep = istep + 1
36              apos = content.find(subStr)
37              while apos >= 0:
38                  alist.append(apos)
39                  content = content.replace(subStr, sRep, 1)
40                  apos = content.find(subStr)
41              return alist
42      @classmethod
43      def GetTestString (cls_obj,content, startStr, endStr):
44          '''
45          :param content: 原始字符串
46          :param startStr: 开始字符边界
47          :param endStr: 结束字符边界
48          :return: 前后边界一致的中间部分字符串 []
49          '''
50          reStrList = []
51          if content is None or content=='':
52              return reStrList
53          if startStr!='' and content.find(startStr)<0:
54              startStr=''
55          if endStr!='' and content.find(endStr)<0:
56              endStr=''
57          if startStr=='':
58              reStrList.append(content[:content.find(endStr)])
59              return reStrList
60          elif endStr=='':
61              reStrList.append(content[content.find(startStr)+len(startStr):])
62              return reStrList
63          elif startStr=='' and  endStr=='':
64              reStrList.append(content)
65              return reStrList
66          else:
67              starttemplist = cls_obj().__Getsubindex(content, startStr)
```

```
68              nStartlen = len(startStr)
69              startIndexlist = []
70              for ntemp in starttemplist:
71                  startIndexlist.append(ntemp + nStartlen)
72              endIndexlist = cls_obj().__Getsubindex(content, endStr)
73              astep = 0
74              bstep = 0
75              dr = re.compile(r'<[^>]+>', re.S)
76              while astep < len(startIndexlist) and bstep < len(endIndexlist):
77                  while startIndexlist[astep] >= endIndexlist[bstep]:
78                      bstep = bstep + 1
79                  strTemp = cls_obj().__GetMiddleStr(content,
                          startIndexlist[astep], endIndexlist[bstep])
80                  strTemp = dr.sub('', strTemp)
81                  reStrList.append(strTemp)
82                  astep = astep + 1
83                  bstep = bstep + 1
84              return reStrList
```

hi_po 的项目结构如图 A-1 所示。

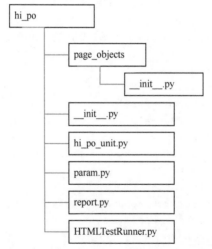

图 A-1　hi_po 的项目结构

附录 B

一次聚类算法和缺陷数据特征的试验

针对内部的缺陷管理系统，在项目维度对其全部的缺陷特征进行了一次抽取。以测试过程中缺陷的提交时间和解决时间为基础，得出修正缺陷的时间，结合标准差、样本均值和90分位数，数据化每一个项目。待分析缺陷的基本属性如表 B-1 所示。

表 B-1　待分析缺陷的基本属性

属性别名	说明	备注
T_c	创建时间	新缺陷的创建时间
T_e	解决时间	解决并反馈缺陷的时间
T_f	修复时间	$T_f = T_e - T_c$

通过上述基本属性，每一个项目都可以通过表示成如下的一维向量。

$$P = (T_{f_1}, T_{f_2}, \cdots, T_{f_n})$$

每一项目的一维向量都是一个数据集合，设这个数据集合为 α。然后，计算 α 集合的标准差（设为 dev）、样本均值（设为 eva）和90分位数（设为 per）。

$$\text{dev} = \sqrt{\sum_{i=1}^{n}(x_i - \text{eva})^2} \big/ n \tag{B-1}$$

$$\text{eva} = \sum_{i=1}^{n} T_{f_i} / n \tag{B-2}$$

$$\text{per} = T_{f_c} + (T_{f_{c+1}} - T_{f_c})\text{d} \tag{B-3}$$

其中，$b=(n+1)/10$，$c=\text{int}(b)$，$d=b-c$。

应用 K 均值算法，对上述样本集进行训练，通过式（B-1）～式（B-3），对全部项目进行数据化后，得到一个 3*N 的数组（N 为项目数），设该数组为 β。对 β 应用 K 均值算法，可以得到两个聚类中心。设两个聚类中心分别为 C_n 和 C_y。再将任意一个历史项目中抽象出来的三元组和上述两个聚类中心进行比对，发现预期项目会接近一个聚类中心。反之，非预期项目会接近另外一个聚类中心。

对于一个实施过程中的项目，在一个固定的时间间隔内，计算该项目的 β 集合。通过测试该项目的 β 集合属于 C_n 还是 C_y 来标记和预测项目分享程度。具体算法如下。

设 $\beta(\text{dev}_\beta, \text{eav}_\beta, \text{per}_\beta)$，$C_n(\text{dev}_{C_n}, \text{eav}_{C_n}, \text{per}_{C_n})$，$C_y(\text{dev}_{C_y}, \text{eav}_{C_y}, \text{per}_{C_y})$，通过测试方法计算 β 和 C_n 的欧几里得距离，如下所示。

$$d_{C_n} = \sqrt{(\text{dev}_\beta - \text{dev}_{C_n})^2 + (\text{eav}_\beta - \text{eav}_{C_n})^2 + (\text{per}_\beta + \text{per}_{C_n})^2}$$

$$d_{C_y} = \sqrt[2]{(\text{dev}_\beta - \text{dev}_{C_y})^2 + (\text{eav}_\beta - \text{eav}_{C_y})^2 + (\text{per}_\beta + \text{per}_{C_y})^2}$$

如果$d_{C_n} > d_{C_y}$，项目无风险趋势；如果$d_{C_n} < d_{C_y}$，项目有出风险趋势；如果$d_{C_n} = d_{C_y}$，这是几乎很少出现的一种情况，无任何趋势。每个缺陷都有一个解决时间（是一个时间间隔），设 $P=(T_{f_1}, T_{f_2}, \cdots, T_{f_n})$。再通过一些处理计算出每个项目的样本标准差、样本均值和 90 分位数。这样每个项目均可用关于 dev.eva 和 per 的转换公式表示。然后对于缺陷管理系统中的全部项目，都进行如上计算，得到一个 $N*3$ 的数据集合。这个集合看似无用，在应用 K 均值算法后，结果如图 B-1 所示。

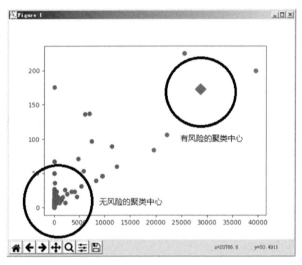

图 B-1　应用 K 均值算法处理的缺陷特征集合

在图 B-1 中，蓝色区域的聚类中心就是无风险的项目，红色区域的聚类中心就是有风险的项目。在备战年中的 6 月 18 日大促销活动期间，对正在进行的项目转换数据后，发现欧几里得距离越接近黑色聚类中心越不容易有风险，相反则容易有风险。

当一个项目已经上线后，对应项目又会进入训练集合，纠正聚类中心的位置。通过这样不断地自纠错，该算法能更早地发现项目风险，保证项目的按时交付。由此次实验可见，很多算法和大数据模型，对测试数据支持、缺陷分析都可以起到明显的指导效果，因此测试开发未来的发展道路上还应该加上一些对应的知识体系。

XPath 语法和运算符

XPath 使用路径表达式来选取 XML 文档中的节点或节点集。节点是沿着路径（path）或者步（step）来选取的。

在下面的例子中使用代码清单 C-1 所示这个 XML 文档。

代码清单 C-1   页面片段

```
88 <?xml version="1.0" encoding="ISO-8859-1"?>
89 <bookstore>
90 <book>
91   <title lang="eng">Harry Potter</title>
92   <price>29.99</price>
93 </book>
94 <book>
95   <title lang="eng">Learning XML</title>
96   <price>39.95</price>
97 </book>
98 </bookstore>
```

XPath 中的节点表达式如表 C-1 所示。

表 C-1   节点表达式

表达式	描述
nodename	选取此节点的所有子节点
/	从根节点选取
//	从当前节点选择文档中的节点，而不考虑它们的位置
.	选取当前节点
..	选取当前节点的父节点
@	选取属性

XPath 中的路径表达式如表 C-2 所示。

表 C-2   路径表达式

路径表达式	结果
bookstore	选取 bookstore 元素的所有子节点
/bookstore	选取根元素 bookstore 注意：假如路径起始于正斜杠（/），则此路径始终代表到某元素的绝对路径
bookstore/book	选取属于 bookstore 的子元素的所有 book 元素
//book	选取所有 book 子元素，而不管它们在文档中的位置

续表

路径表达式	结果
bookstore//book	选择属于 bookstore 元素的后代的所有 book 元素，而不管它们位于 bookstore 之下的什么位置
//@lang	选取名为 lang 的所有属性

XPath 中带元素位置的路径表达式如表 C-3 所示。

表 C-3　带元素位置的路径表达式

路径表达式	结果
/bookstore/book[1]	选取属于 bookstore 子元素的第一个 book 元素
/bookstore/book[last()]	选取属于 bookstore 子元素的最后一个 book 元素
/bookstore/book[last()-1]	选取属于 bookstore 子元素的倒数第二个 book 元素
/bookstore/book[position()<3]	选取属于最前面的两个 bookstore 元素的子元素的 book 元素
//title[@lang]	选取所有拥有名为 lang 的属性的 title 元素
//title[@lang='eng']	选取所有 title 元素，且这些元素拥有值为 eng 的 lang 属性
/bookstore/book[price>35.00]	选取 bookstore 元素的所有 book 元素，且其中 price 元素的值须大于 35.00
/bookstore/book[price>35.00]/title	选取 bookstore 元素中 book 元素的所有 title 元素，且其中 price 元素的值须大于 35.00

XPath 中的通配符如表 C-4 所示。

表 C-4　XPath 中的通配符

通配符	描述
*	匹配任何元素节点
@*	匹配任何属性节点
node()	匹配任何类型的节点

XPath 中带 * 的路径表达式如表 C-5 所示。

表 C-5　带 * 的路径表达式

路径表达式	结果
/bookstore/*	选取 bookstore 元素的所有子元素
//*	选取文档中的所有元素
//title[@*]	选取所有带有属性的 title 元素

另外，通过在路径表达式中使用"|"运算符，可以选取若干个路径。

相对路径表达式如表 C-6 所示。

表 C-6　相对路径表达式

路径表达式	结果
//book/title | //book/price	选取 book 元素的所有 title 和 price 元素
//title | //price	选取文档中的所有 title 和 price 元素
/bookstore/book/title | //price	选取属于 bookstore 元素的 book 元素的所有 title 元素，以及文档中所有的 price 元素

XPath 中的运算符如表 C-7 所示。

表 C-7　XPath 中的运算符

运算符	描述	示例	返回值
|	计算两个节点集	//book | //cd	返回所有拥有 book 和 cd 元素的节点集
+	加法	6 + 4	10
-	减法	6 月 4 日	2
*	乘法	6 * 4	24
div	除法	8 div 4	2
=	等于	price=9.80	如果 price 是 9.80，则返回 true
			如果 price 是 9.90，则返回 false
!=	不等于	price!=9.80	如果 price 是 9.90，则返回 true
			如果 price 是 9.80，则返回 false
<	小于	price<9.80	如果 price 是 9.00，则返回 true
			如果 price 是 9.90，则返回 false
<=	小于或等于	price<=9.80	如果 price 是 9.00，则返回 true
			如果 price 是 9.90，则返回 false
>	大于	price>9.80	如果 price 是 9.90，则返回 true
			如果 price 是 9.80，则返回 false
>=	大于或等于	price>=9.80	如果 price 是 9.90，则返回 true
			如果 price 是 9.70，则返回 false
or	或	price=9.80 or price=9.70	如果 price 是 9.80，则返回 true
			如果 price 是 9.50，则返回 false
and	与	price>9.00 and price<9.90	如果 price 是 9.80，则返回 true
			如果 price 是 8.50，则返回 false
mod	计算除法的余数	5 mod 2	1

CSS 选择器参考手册

在 CSS 中，选择器（见表 D-1）是一种模式，用于选择需要添加样式的元素。

在表 D-1 中，"CSS 版本号"列指示该属性是在哪个 CSS 版本（CSS1、CSS2 还是 CSS3）中定义的。

表 D-1　CSS 选择器

选择器	例子	例子描述	CSS 版本号
.class	.intro	选择 class="intro" 的所有元素	1
#id	#firstname	选择 id="firstname" 的所有元素	1
*	*	选择所有元素	2
element	p	选择所有 <p> 元素	1
element,element	div,p	选择所有 <div> 元素和所有 <p> 元素	1
element element	div p	选择 <div> 元素内部的所有 <p> 元素	1
element>element	div>p	选择父元素为 <div> 元素的所有 <p> 元素	2
element+element	div+p	选择紧接在 <div> 元素之后的所有 <p> 元素	2
[attribute]	[target]	选择带有 target 属性的所有元素	2
[attribute=value]	[target=_blank]	选择 target="_blank" 的所有元素	2
[attribute~=value]	[title~=flower]	选择 title 属性中包含单词 "flower" 的所有元素	2
[attribute|=value]	[lang|=en]	选择 lang 属性值以 "en" 开头的所有元素	2
:link	a:link	选择所有未被访问的链接	1
:visited	a:visited	选择所有已被访问的链接	1
:active	a:active	选择活动链接	1
:hover	a:hover	选择鼠标指针位于其上的链接	1
:focus	input:focus	选择获得焦点的 input 元素	2
:first-letter	p:first-letter	选择每个 <p> 元素的首字母	1
:first-line	p:first-line	选择每个 <p> 元素的首行	1
:first-child	p:first-child	选择属于父元素的第一个子元素的每个 <p> 元素	2
:before	p:before	在每个 <p> 元素的内容之前插入内容	2
:after	p:after	在每个 <p> 元素的内容之后插入内容	2
:lang(language)	p:lang(it)	选择带有以 "it" 开头的 lang 属性值的每个 <p> 元素	2
element1~element2	p~ul	选择前面有 <p> 元素的每个 <ul> 元素	3

选择器	例子	例子描述	CSS 版本号
[attribute^=value]	a[src^="https"]	选择其 src 属性值以 "https" 开头的每个 <a> 元素	3
[attribute$=value]	a[src$=".pdf"]	选择其 src 属性以 ".pdf" 结尾的所有 <a> 元素	3
[attribute*=value]	a[src*="abc"]	选择其 src 属性中包含 "abc" 子串的每个 <a> 元素	3
:first-of-type	p:first-of-type	选择属于其父元素的首个 <p> 元素的每个 <p> 元素	3
:last-of-type	p:last-of-type	选择属于其父元素的最后一个 <p> 元素的每个 <p> 元素	3
:only-of-type	p:only-of-type	选择属于其父元素唯一的 <p> 元素的每个 <p> 元素	3
:only-child	p:only-child	选择属于其父元素的唯一子元素的每个 <p> 元素	3
:nth-child(n)	p:nth-child(2)	选择属于其父元素的第二个子元素的每个 <p> 元素	3
:nth-last-child(n)	p:nth-last-child(2)	选择属于其父元素的第二个子元素的每个 <p> 元素，从最后一个子元素开始计数	3
:nth-of-type(n)	p:nth-of-type(2)	选择属于其父元素第二个 <p> 元素的每个 <p> 元素	3
:nth-last-of-type(n)	p:nth-last-of-type(2)	选择属于其父元素第二个 <p> 元素的每个 <p> 元素，但是从最后一个子元素开始计数	3
:last-child	p:last-child	选择属于其父元素最后一个子元素的每个 <p> 元素	3
:root	:root	选择文档的根元素	3
:empty	p:empty	选择没有子元素的每个 <p> 元素（包括文本节点）	3
:target	#news:target	选择当前活动的 #news 元素	3
:enabled	input:enabled	选择每个启用的 <input> 元素	3
:disabled	input:disabled	选择每个禁用的 <input> 元素	3
:checked	input:checked	选择每个被选中的 <input> 元素	3
:not(selector)	:not(p)	选择非 <p> 元素的每个元素	3
::selection	::selection	选择被用户选取的元素部分	3

附录 E

Maven 的配置及其
与 Idea 的整合

1. Maven 的下载与配置

首先，要安装 Maven。可从 Maven 官网下载名为 Maven 3.5.3 的安装包（本示例中全部安装过程都是在 Windows 7 系统的 64 位企业版下进行的。其他 Windows 版本与此类似，如有问题可自行查找解决方案）。下载版本的选择如图 E-1 所示。

下载完成后，解压到本地任意目录中即可。解压完成后，添加 Maven 的环境变量。这里，Python 2.7 安装到了 D:\apache-maven-3.5.3 目录下。打开"环境变量"窗口，在"系统变量"选项卡中单击"新建"按钮，创建系统变量并命名为 MAVEN_HOME，值设置为 D:\apache-maven-3.5.3，如图 E-2 所示。然后单击"确定"按钮，在弹出的"编辑系统变量"窗口中把变量名设置为 Path，对于变量值，在已有路径后添加";%MAVEN_HOME%\bin"即可，如图 E-3 所示。

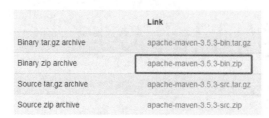

图 E-1　Maven 安装包不同的文件格式

图 E-2　Maven 中 MAVEN_HOME
环境变量的配置

接下来，单击电脑左下角的"开始"菜单，选择"运行"后输入 cmd 并按 Enter 键。在弹出的窗口中输入 mvn -version 后，出现图 E-4 所示内容，说明 Maven 的配置已经完成。

图 E-3　Maven 中 Path 环境变量的配置

图 E-4　验证 Maven 环境变量的配置是否生效

在 Maven 配置完成后，还需要配置 Maven 的 setting.xml 文件，setting.xml 文件位于 Maven 安装目录的 conf 目录下。这里主要配置了 Maven 的私有服务器地址及本地仓库地址等信息，如代码清单 E-1 所示。

代码清单 E-1　配置 Maven 的私有服务器地址及本地仓库地址等信息

```xml
<?xml version="1.0" encoding="UTF-8"?>
<settings xmlns:xsi="http://www.w3.org/2001/XMLSchema-instance"
        xsi:schemaLocation="http://maven.apache.org/SETTINGS/1.0.0 http://
            maven.apache.org/xsd/settings-1.0.0.xsd"
        xmlns="http://maven.apache.org/SETTINGS/1.0.0">
    <profiles>
        <profile>
            <repositories>
                <repository>
                    <snapshots/>
                    <id>snapshots</id>
                    <name>libs-snapshots</name>
                    <url>……</url>
                </repository>
            </repositories>
            <pluginRepositories>
                <pluginRepository>
                    <snapshots/>
                    <id>snapshots</id>
                    <name>plugins-snapshots</name>
                    <url>……</url>
                </pluginRepository>
            </pluginRepositories>
            <id>artifactory</id>
        </profile>
    </profiles>
    <activeProfiles>
        <activeProfile>artifactory</activeProfile>
        <activeProfile>nexus</activeProfile>
    </activeProfiles>

    <localRepository>E:\MavenRepository</localRepository>
</settings>
```

在 URL 中填写自己公司的 Maven 私有服务器地址，在 localRepository 节点中填写 Maven 的本地仓库，即在本机中存放 jar 的路径。

261

2. Idea 与 Maven 的整合

首先打开 Idea，在菜单栏中 File → Settings。然后，在 Settings 对话框中选择 Build，Execution，Deployment → Build Tools → Maven，如图 E-5 所示。

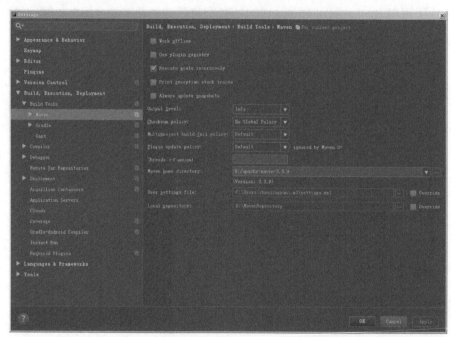

图 E-5　在 Idea 中设置 Maven 主目录

接下来，将 Maven home directory 的值设置为当前计算机中 Maven 的安装目录即可，其他内容保持默认值，单击 OK 按钮。目前已经完成了 Maven 与 Idea 的整合。

3. Idea 中 Maven 命令的使用

新建一个 Maven 项目之后会在窗口的右端出现一个 Maven Projects 按钮，单击该按钮后弹出的对话框如图 E-6 所示。

其中 Lifecycle 包含了 Maven 的常用命令，如 clean、compile、test、package 等，Dependencies 展示了当前 Maven 项目的相关依赖包列表。下面简单介绍 Maven 的一些常用命令（见表 E-1）。

图 E-6　单击 Maven Projects 按钮

表 E-1　Maven 常用命令

命令	描述
complile	编译当前 Maven 项目，生成 class 文件
test	执行测试用例，执行 test 目录下带有 @test 的测试用例
clean	清除编译后的 class 等文件
package	将项目打包，按照预定的打包格式生成 target 目录，并且同时编译、测试，生成测试报告、生成 jar/war 文件
install	在本地 Repository 中安装 jar
deplay	将打包好的项目上传至对应的 Maven 私有服务器中

京东

附录 F

HTTP 状态码

消息的状态码见表 F-1。

表 F-1　消息的状态码

消息的状态码	描述
100	Continue：继续。客户端应继续其请求
101	Switching Protocols：切换协议。服务器根据客户端的请求切换协议。只能切换到更高级的协议，例如，切换到 HTTP 的新版本协议
102	Processing：由 WebDAV（RFC 2518）扩展的状态码，代表处理过程将继续执行

表示成功的状态码见表 F-2。

表 F-2　表示成功的状态码

表示成功的状态码	描述
200	Ok：请求已成功，请求所希望的响应头或数据体将随此响应返回。出现此状态码表示正常状态
201	Created：请求已经实现，有一个新的资源已经依据请求的需要而建立，且其 URI 已经随 Location 头信息返回。假如需要的资源无法及时建立，应当返回 '202 Accepted'
202	Accepted：已接受。已经接受请求，但未处理完成
203	Non-Authoritative Information：非授权信息。请求成功。但返回的元信息不在原始的服务器中，而是一个副本
204	No Content：无内容。服务器成功处理，但未返回内容。在未更新网页的情况下，可确保浏览器继续显示当前文档
205	Reset Content：重置内容。服务器处理成功，用户终端（例如，浏览器）应重置文档视图。可通过此返回码清除浏览器的表单域
206	Partial Content：部分内容。服务器成功处理了部分 GET 请求
207	Multi-Status：由 WebDAV（RFC 2518）扩展的状态码，代表之后的消息体将是一个 XML 消息，并且可能依照之前子请求的数量，包含一系列独立的响应代码

重定向状态码见表 F-3。

表 F-3　重定向状态码

重定向状态码	描述
300	Multiple Choices：多种选择。请求的资源可包括多个位置，相应可返回一个资源特征与地址的列表，用于用户终端（例如，浏览器）的选择
301	Moved Permanently：永久移动。请求的资源已永久地移动到新 URI 中，返回信息会包括新的 URI，浏览器会自动定向到新 URI。今后任何新的请求都应使用新的 URI 代替
302	Move temporarily：临时移动。与 301 类似，但资源只是临时移动，客户端应继续使用原有 URI

续表

重定向状态码	描述
303	See Other：查看其他地址。与 301 类似。使用 GET 和 POST 请求查看
304	Not Modified：未修改。所请求的资源未修改，当服务器返回此状态码时，不会返回任何资源。客户端通常会缓存访问过的资源，通过提供一个头信息指出客户端希望只返回在指定日期之后修改的资源
305	Use Proxy：使用代理。所请求的资源必须通过代理访问
306	Switch Proxy：在最新版的规范中，306 状态码已经不再使用
307	Temporary Redirect：临时重定向。与 302 类似。使用 GET 请求重定向

表示请求错误的状态码见表 F-4。

表 F-4　表示请求错误的状态码

表示请求错误的状态码	描述
400	Bad Request：表示语义有误或请求参数有误。 若语义有误，当前请求无法被服务器理解。除非进行修改，否则客户端不应该重复提交这个请求
401	Unauthorized：请求要求授权的用户
402	Payment Required：该状态码是为将来可能的需求而预留的
403	Forbidden：服务器理解请求客户端的请求，但是拒绝执行此请求
404	Not Found：服务器无法根据客户端的请求找到资源（网页）。通过此状态码，网站设计人员可设置个性化的页面，以说明"您所请求的资源无法找到"
405	Method Not Allowed：客户端请求中的方法被禁止
406	Not Acceptable：服务器无法根据客户端请求的内容特性完成请求
407	Proxy Authentication Required：请求要求代理的身份验证，与 401 类似，但请求者应当使用代理进行授权
408	Request Timeout：请求超时。客户端没有在服务器指定的等待时间内完成一个请求的发送。客户端可以随时再次提交这一请求而无须进行任何更改
409	Conflict：服务器完成客户端的 PUT 请求时可能返回此代码，表示服务器处理请求时发生了冲突
410	Gone：客户端请求的资源已经不存在。410 不同于 404，如果资源以前有，而现在被永久删除了，可使用 410 状态码，网站设计人员可通过 301 状态码指定资源的新位置
411	Length Required：服务器无法处理客户端发送的不带 Content-Length 的请求信息
412	Precondition Failed：客户端请求信息的先决条件错误

续表

表示请求错误的 状态码	描述
413	Request Entity Too Large：由于请求的实体过大，服务器无法处理，因此拒绝请求。为防止客户端的连续请求，服务器可能会关闭连接。如果只是暂时无法处理，则服务器会返回一个 Retry-After 的响应信息
414	Request-URI Too Long：请求的 URI 过长（URI 通常为网址），服务器无法处理
415	Unsupported Media Type：对于当前请求的方法和所请求的资源，请求中提交的实体并不是服务器中所支持的格式，因此请求被拒绝
416	Requested Range Not Satisfiable：客户端请求的范围无效
417	Expectation Failed：在请求头 Expect 中指定的预期内容无法被服务器满足，或者这个服务器是一个代理服务器，它有明显的证据证明在当前路由的下一个节点上，Expect 的内容无法满足

表示服务器错误的状态码见表 F-5。

表 F-5　表示服务器错误的状态码

表示服务器错误的 状态码	描述
500	Internal Server Error：服务器遇到了一个未曾预料的状况，导致它无法完成对请求的处理。一般来说，这个问题都会在服务器端的源代码出现错误时出现
501	Not Implemented：服务器不支持当前请求所需要的某个功能。当服务器无法识别请求的方法并且无法支持其对任何资源的请求时，会出现这个错误
502	Bad Gateway：当作为网关或者代理的服务器尝试执行请求时，从上游服务器接收到无效的响应
503	Service Unavailable：由于超载或系统维护，服务器暂时无法处理客户端的请求。延时的长度可包含在服务器的 Retry-After 头信息中
504	Gateway Timeout：当作为网关或者代理的服务器尝试执行请求时，未能及时从上游服务器（由 URI 标识的服务器，例如 HTTP、FTP、LDAP）或者辅助服务器（例如 DNS）收到响应
505	HTTP Version Not Supported：服务器不支持，或者拒绝支持在请求中使用的 HTTP 版本。这暗示着服务器不能或不愿使用与客户端相同的版本。响应中应当包含一个描述了为何版本不被支持以及服务器支持哪些协议的实体

注意，某些代理服务器在 DNS 查询超时时会返回 400 或者 500 错误。

参考文献

［1］柳纯录，黄子河，陈渌萍．软件评测师教程［M］．北京：清华大学出版社，2005．

［2］吴晓华，王晨昕．Selenium WebDriver 3.0 自动化测试框架实战指南［M］．北京：清华大学出版社，2017．

［3］赵卓．Selenium 自动化测试指南［M］．北京：人民邮电出版社，2013．

［4］SAKIS K. Mastering Python Design Pattern[M].Birmingham: Packt Publishing Ltd，2015．

［5］MAKR AW．数据结构和算法分析［M］．冯舜玺，译．北京：机械工业出版社，2004．

［6］陈能技．软件测试大全［M］．2 版．北京：人民邮电出版社，2012．